자생식물을 이용한

식생복원녹화

김경훈 · 성현찬 · 최재용 · 허영진

넥서스환경디자인연구원 출판부

자생식물을 이용한 식생복원녹화

1판 1쇄 인쇄	2016년 8월 31일
1판 1쇄 발행	2016년 8월 31일
지은이	김경훈, 성현찬, 최재용, 허영진
발행인	조 동 길
편집디자인	이 지 현
발행처	넥서스환경디자인연구원(주)
출판신고	2007년 2월 21일 (신고번호 제22-3086호)
주소	경기도 의왕시 이미로 40 인덕원IT밸리 B동 903호
전화	031-424-2930 | 팩스 031-421-2931
홈페이지	www.nexusdesign.co.kr | 이메일 ne_x_us@naver.com
값	20,000
ISBN	979-11-87571-00-1

머리말

훼손지 및 비탈면 녹화는 오래전부터 시행해오고 있는 전통적인 사방, 조경 분야로서, 대부분의 녹화기술은 식물에 의한 조기 피복, 표층부 침식방지 등의 기능적 측면이 우선시되어 왔다. 이런 추세를 반영하듯 녹화 현장에서는 외래종에 의한 단순 녹화, 부적절한 재료 사용, 경제성만을 고려한 저가시공 등이 문제가 되고 있다.

최근 훼손지나 비탈면 녹화를 생태적인 복원의 관점에서 검토하게 됨에 따라 전통적인 녹화개념 외에 자생식물을 이용한 식생복원의 필요성이 점차 높아지고 있다. 굳이 신토불이를 강조하지 않더라도 녹화분야에 자생식물을 이용하자는 데에는 대부분 공감할 수 있을 것이다.

훼손지나 비탈면 녹화에 자생식물을 잘 활용하게 되면 피복효과 제고와 함께 스스로 유지되고 번식할 수 있는 잠재력을 가진 건강한 식물군락을 조성할 수 있다는 장점을 가지고 있다. 그러나 현실적인 문제로 자생식물 재료를 확보하는 문제, 시공비용의 상승, 조기녹화만을 요구하는 사회적 분위기 등이 해결해야할 과제로 남아 있으며, 녹화 현장에서 자생식물을 활용할 수 있는 실용적인 기술의 개발 및 확산 또한 필요한 시점이라고 여겨진다.

외래식물이 아닌 자생식물을 이용한 식생복원녹화의 필요성을 감안할 때, 국내 현장여건에 부합하는 현실적인 지침서의 발간과 함께 자생식물을 이용하는 생태적 녹화의 방향에 대한 공감대를 확산시킬 필요가 있다고 하겠다. 이 책은 이러한 취지로 우리나라의 자생식물을 이용한 식생복원녹화의 걸림돌 들을 해결하기 위한 복원의 개념 및 목표 수립, 현장에서의 실행 방안에 대한 내용을 다루고자 하였다.

이 책은 총 7장으로 구성되어 있다. 1장에는 식생복원녹화의 개념을 정리하였으며, 2장에는 식생복원녹화를 위한 목표 수립, 조사 및 계획에 관한 내용을 정리하였다. 3장과 4장에서는 식생복원녹화를 위한 재료와 현장에서 시공을 위한 기초 내용을 정리하였다. 5장에서는 식생복원녹화의 목표를 달성하기 위한 모니터링 및 유지관리에 관한 사항을 다루었으며, 6장에서는 최근 현장에서 수행되고 있는 시험시공과 관련된 내용을 기술하였다. 마지막으로 7장에서는 식생복원녹화와 관련된 정책제언을 간략하게 기술하였다.

자생식물을 이용한 식생복원녹화 기술은 훼손지나 비탈면 녹화분야 뿐만 아니라 관련 분야로도 확산이 가능할 것으로 보인다. 녹화분야에서 자생식물 재료를 다루는 이 분야는 이제 시작이 되는 단계로서 이번에 발간하는 이 책에서 기술한 내용들은 완성된 결과라기보다는 해결해나가야 할 과제로 보는 것이 적합할 것이다. 앞으로 보다 많은 연구와 현장 적용 결과의 검증 과정을 통해 현장에서 활용 가능한 내용으로 지속적인 보완해나갈 계획이다.

이 책은 저자들이 수행하고 있는 "DMZ 일원 훼손지역의 자생종 활용 생태복원기술 개발 연구과제(환경부 환경산업선진화기술개발사업)"의 연구결과 중 일부를 정리한 것으로 이렇게 책으로 발간하게 된 것에 큰 의미를 찾을 수 있다. 연구 진행에 많은 도움을 주신 한병현 전문위원님께 감사의 말씀을 전하며, 성실히 연구에 전념하고 계신 연구진들, 관계 회사의 임직원들에게도 감사의 말씀을 드린다. 끝으로 우리나라의 향후 정책방향에 대해 원고를 직접 작성해주신 산림청 산림보호과장 이종수 박사님께도 깊은 감사를 드린다.

대표저자 김 경 훈

목차

Chapter

1 식생복원녹화 개요

1. 식생복원녹화 개요

1.1 식생복원녹화

녹화란 자연적 또는 인위적으로 훼손된 곳(주로 비탈면)을 식물에 의해 피복녹화시킴으로써 표면침식을 억제하고 경관을 개선하는 것이다. 최근에는 녹화대상지를 식물로 피복시킨다는 1차적인 목표에서 한 단계 발전하고 있으며, 이들 비탈면이나 훼손된 곳을 생물서식공간으로 해석함에 따라 녹화의 목표는 식생복원의 관점에서 논의가 되고 있다.

기존의 비탈면 녹화방식은 조기 피복이 주된 목표이었기 때문에 초기 생육속도가 빠른 외래도입초본류(일명 양잔디)와 싸리 등과 같은 일부 관목류를 도입하는 것이 일반적이었다. 그러나 녹화용 식생의 질적인 측면이 강조되면서 초본류뿐만 아니라 목본류를 도입하여 입체적인 식생 군락을 조성하는 것과 함께, 외래종이 아닌 그 지역의 자생식물을 이용하는 생태적인 녹화가 시도되고 있다. 특히 국립공원 지역(국립공원관리공단, 2014), 백두대간 지역(한국산지보전협회, 2013), DMZ 일원(김경훈 등, 2015) 등에 대한 생태복원녹화에 있어서 자생식물의 이용에 대한 중요성이 점차 강조되고 있다.

식생복원녹화용 식물로서 중요성이 높아지고 있는 자생식물은 생태적 건강성 및 기능성 회복의 기초가 되며(김남춘 등, 2008), 자생식물을 이용한 훼손지 및 도로 비탈면 녹화는 환경영향을 저감하고 건강한 생태계를 유지하고 개선하는데 도움을 준다.

자생식물을 이용한 식생복원녹화를 수행하기 위해서는 종자 및 묘목 등의 식물소재를 확보하는 것이 중요하지만, 현장에서 사용하고자 하여도 현실적으로는 국내에서 자생식물 소재의 수급이 곤란하기 때문에 수입한 종자를 주로 사용하는 경우가 대부분이다. 이 경우 원산지를 알 수 없는 식물종이 국내 토종 생태계로 확산되어 갈 수 있다는 위험성을 내포하고 있다.

또한 국내에서 자생하고 있는 식물종이라도 녹화 대상지로부터 지리적으로 멀리 떨어진 곳에서 가져온 식물종은 적용 대상지 현장의 환경적 차이 때문에 잘 적응하지 못할 수도 있다. 결국 식생복원녹화 대상지 주변에서 확보한 식물을 사용하는 것이 가장 바람직하며, 외부에서 확보한 식물종은 식물종자의 채취장소 및 식물종에 대한 검증이 반드시 필요한 것이다.

자생식물을 이용한 식생복원녹화(David 등, 2007; Bower 등, 2014)

- 자생종은 어떤 지역에 원래부터 살고 있던 식물로, 그 지역에 적응되어 있는 자생식물을 말한다.
- 자생식물은 그 지역의 환경조건에 적응되어 있으며(일반적으로 지역의 자생종인 아닌 식물보다 유지관리가 적게 필요함), 식생군락이 오래 유지될 수 있다.
- 자생식물을 잘 활용하면, 인간이 별도의 노력을 투입하지 않아도 스스로 유지되고 번식할 수 있는 잠재력을 가진 식물군락을 조성할 수 있다.
- 생태적으로 건강하게 자리 잡은 자생식물 군집은 침입성이 강하고 위해성이 있는 잡초들을 장기적으로 방제할 수 있는 최고의 선택이 된다.
- 경제적으로는 식생관리를 위한 유지관리 비용을 줄일 수 있다.
- 경관을 고려할 때 주변 환경과 자연스럽게 조화될 수 있다.

자생식물을 이용하는 방법은 이와 같이 장점이 많은 반면에 종자나 묘목 같은 식물재료의 확보가 어렵고, 외래종에 비해 상대적으로 가격이 높은 것이 기술 확산의 장애요인이 되고 있다. 또한 채취된 종자도 비탈면과 같은 악조건에서 식생피복 효과를 나타낼 수 있도록 공사에 적용하는 기술 개발도 아직은 부족한 상태이다. 그럼에도 불구하고 자생식물을 사용해야만 하는 이유는 환경적, 경관적 측면에서 분명하게 제기되고 있으므로, 자생식물을 활용한 녹화기술은 앞으로 선택이 아닌 필수가 될 것이다.

한편 자생식물을 이용한 녹화는 분명한 목표를 가지고 있어야 한다. 식생복원녹화의 목표를 수립할 때 식물의 종류 및 배합 기준에 따른 설정도 있지만, 복원의 과정에 따른 시나리오별로 복원의 방향성을 결정할 수도 있다. 시나리오 1 계통에서는 초기 복원속도는 늦지만 장기적으로 안정화되도록 하는 것이고, 시나리오 2 계통에서는 초기 단계에서 많은 것을 투입하여 복원 효과를 높여주는 방식이 있다. 복원이 되는 과정은 다양한 변수들이 영향을 미치기 때문에 현장 여건을 고려한 식생복원 모델 수립과 함께 녹화의 목표와 시기를 고려하는 것이 필요하다.

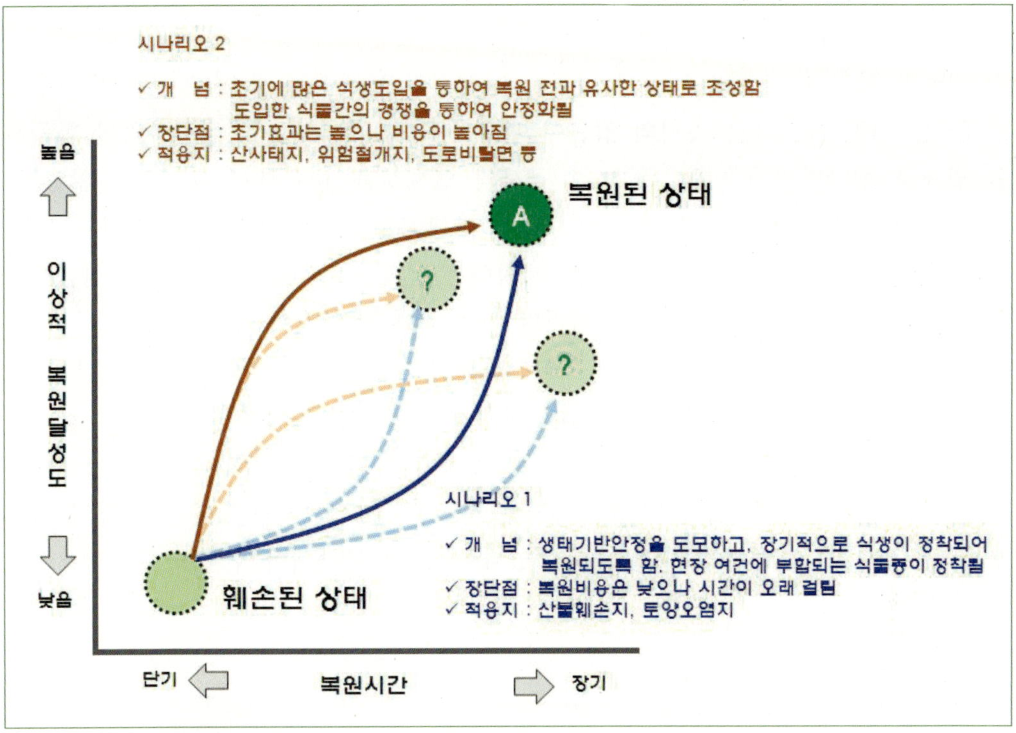

그림.1.1 다양한 식생복원 녹화의 시나리오

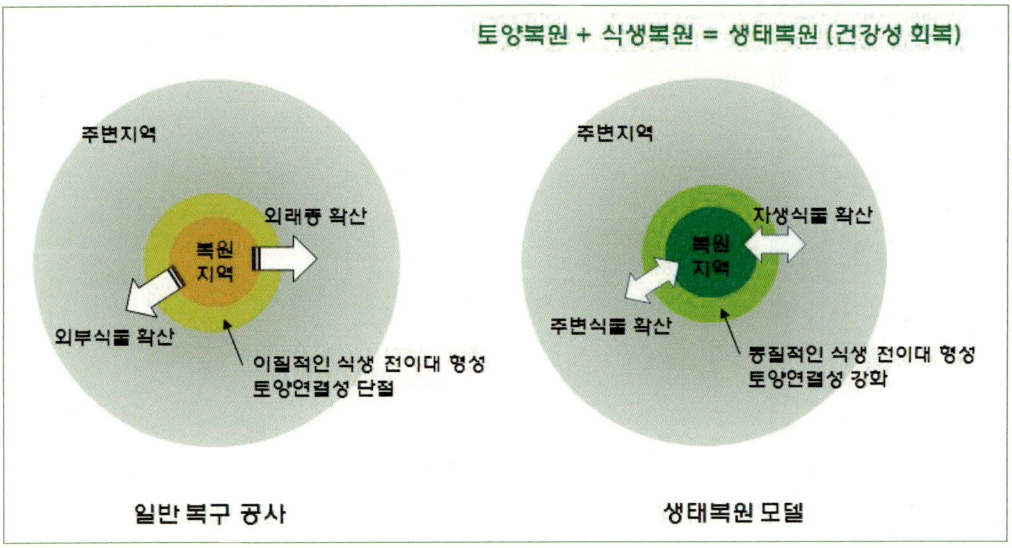

그림.1.2 일반 복구 공사와 생태복원 모델의 비교

1.2 자생식물을 이용한 식생복원녹화 프로세스

훼손지 복구나 비탈면 녹화에 있어서 자생식물을 이용한 녹화가 성공을 거두기 위해서는 기존과는 다른 방식의 접근이 필요하다. 지금까지는 건설공사와 녹화공사를 별개로 생각하면서 이들 두 가지 공사의 연계성을 중요하게 고려하지 않았다. 또한 개발로 인하여 훼손이 될 수도 있는 자생식물이나 서식처를 보호하거나 주변의 자생식물을 이용한 녹화공사를 계획하는 경우에도 훼손 행위나 건설공사가 끝나는 마지막 단계에서 그냥 적용하기만 하면 된다는 인식이 있었다.

자생식물 소재의 확보 및 적용 후 모니터링 등의 일련의 과정을 고려할 때 건설과 식생복원녹화 프로세스는 통합적이고, 장기적으로 검토할 필요가 있다. 훼손지역의 녹화에 자생식물을 이용하는 목표 지향적이며 통합적인 접근은 비록 초기 비용이 들고, 시간이 많이 소요되기는 하지만 장기적인 측면에서 볼 때 오히려 생태적, 경제적, 경관적 이익을 줄 수 있다는 점을 생각해야 한다.

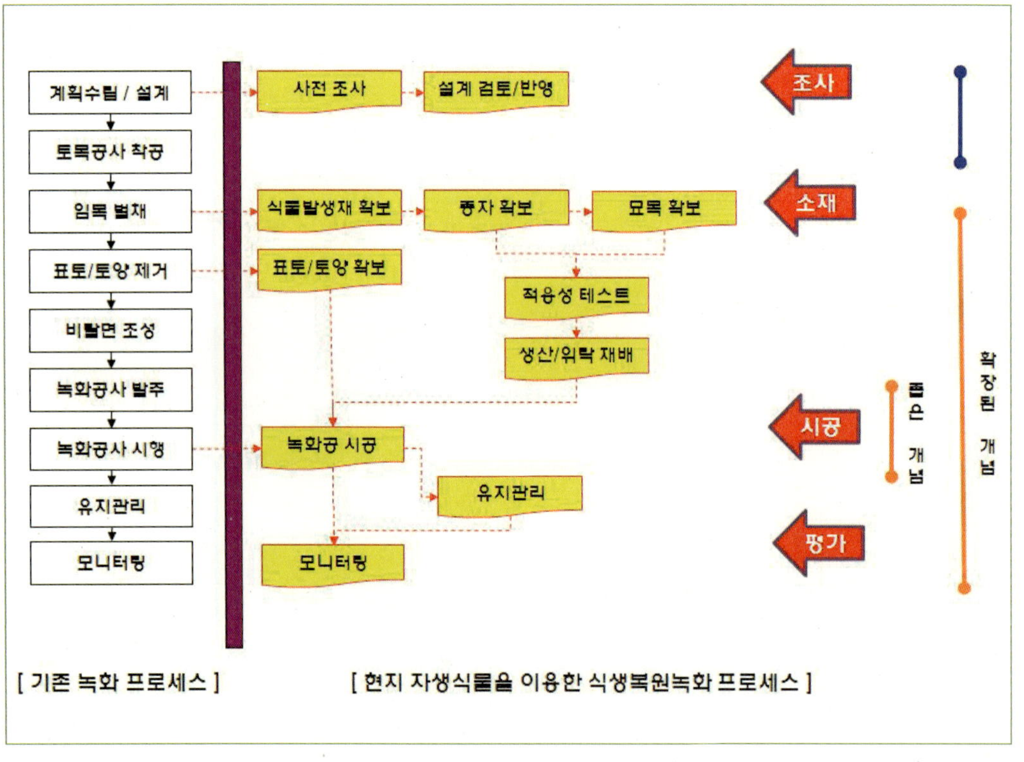

그림.1.3 현지 자생식물을 이용한 식생복원녹화 프로세스

자생식물을 활용한 식생복원녹화의 프로세스를 볼 때 녹화에 이용하기 위한 식물소재의 사전 조사 및 종자원 확보, 확보된 종자를 현장에 적용하기 위한 시험 및 증식 단계, 그리고 녹화공사에 적용한 이후 유지관리 및 모니터링을 수행하는 데 있어서 기존의 프로세스와는 다른 차별적인 검토가 필요하다. 따라서 자생식물을 이용한 식생복원녹화의 시작 시점은 건설공사의 마지막 단계가 아니라 공사의 계획단계에서부터 순차적으로 적용해야 한다는 점을 이해할 필요가 있다.

자생식물을 이용한 식생복원녹화는 계획, 녹화공사, 모니터링 및 유지관리의 3단계로 크게 구분할 수 있다. 계획 단계에서는 프로젝트의 목적, 입지 평가, 제한요소의 극복, 녹화의 전략수립이 필요하며, 녹화공사 단계는 예산과 공정 내에서 녹화공사가 수행되도록 하는 것으로서, 대상지 처리, 토양 안정, 제한요소의 극복, 토양 개량, 자생식물 군집의 조성 등을 포함한다. 모니터링 및 유지관리 단계는 녹화 효과를 검증하는 것을 포함하며, 녹화공사 이후 1차적으로 식생이 피복된 이후에는 유지관리 계획에 포함하여 식생을 관리하도록 한다.

표.1.1 자생식물 이용 녹화를 위한 3가지 접근 방법

구분	주요 내용
목표 지향적 접근	• 과거의 녹화실패 원인 중에는 단기적인 목표 시기 수립이라는 문제가 있었음 • 경제성의 논리에 의해 조기녹화를 위주로 한 외래식물종이 많이 사용되었음 • 자생식물 군락은 식생피복 속도는 늦지만 영속적인 식물군락 조성, 안정성 증진 및 경관 회복에 유리함 • 토양 및 식생 교란이 예상될 경우 녹화 전문가들은 건설에 따른 영향이 최소화되도록 함 • 기술적, 경제적 다양성 추구, 장기적인 관점에서 자생식물의 기능, 토양 및 수환경 보호 등을 고려하도록 함
통합적인 접근	• 자생식물을 이용한 녹화는 녹화 외의 프로세스와 같이 검토되어야 함 • 건설행위로 주변 환경(토양 및 식생)이 교란될 것이 예상될 경우 영향 정도를 예측함 • 녹화전문가는 건설로 인한 대상지에서 서식지 교란 행위 저감대책을 수립함 • 건설의 기초 단계에서부터 참여하여 녹화가 건설의 일부분이 되도록 통합적으로 검토함
상황에 맞는 접근	• 녹화대상지 및 주변의 독특한 생태적인 요소들을 파악하도록 함 • 자생식물군집 형성에는 장기간이 필요하며, 환경적인 특성에 영향을 크게 받으므로 현장특성을 면밀하게 파악함 • 많은 변수들을 내재하고 있기 때문에 상황에 맞는 개별적인 녹화계획을 수립함

표.1.2 식생복원녹화의 각 단계별 검토사항

단계		주요 내용
계획	일정	• 녹화과정이 다른 프로세스와 통합적으로 운영될 수 있도록 일정을 고려함 • 녹화 및 건설과정이 상호 보완적이라는 인식을 같이함 • 녹화과정은 본격적인 건설 사업이 시작되기 2~3년 전부터 수행되고, 건설이 종료된 이후에도 수행되어야 한다는 것을 인지함
	의사 소통	• 설계자와 시공자 간의 협력이 성공의 핵심 요인이라는 것을 인지함 • 녹화전문가는 토양이나 식생이 교란되는 과정에서 반드시 참여하도록 함 • 현장 특성에 부합되어야 하고, 특수한 요구조건을 파악하여야 함
	예산 확보	• 녹화는 건설(또는 훼손) 전 단계부터 시작되며, 이후에도 지속되어야 하기 때문에 녹화 일정에 맞는 예산 확보 계획(조기 투입) 수립
녹화공사		• 세부 녹화계획 및 일정표 작성 • 특수한 요구사항을 반영한 녹화공사의 계획 수립 • 녹화상황 기록 및 품질관리 수행 • 초기 유지관리 및 모니터링 수행
모니터링 및 유지관리	품질 확보	• 토양 및 식생에 대하여 측정 가능한 목표를 수립함 • 독특한 입지의 특성에 부합되는 민감한 목표를 수립함 • 각각의 목표에 도달할 수 있도록 합리적인 접근법이 필요함 • 목표 달성 여부를 질적/양적으로 평가할 수 있는 지표를 개발함 • 자생식물을 이용하는 것은 단기간이 아닌 장기적인 목표에 의해서 생태적으로 건강하고 스스로 생존이 가능한 식물군집이 된다는 것을 이해함
	개선	• 배운 교훈을 공유하도록 함

Chapter 2 식생복원녹화 계획

2. 식생복원녹화 계획

2.1 식생복원녹화 목표 수립

"도로비탈면 녹화공사의 설계 및 시공지침(2009)" 에서는 자생식물에 의한 녹화를 지향하고 있으며, 식생복원의 목표를 초본위주형, 초본 및 관목위주형, 목본위주형의 3가지로 제시하고 있다. 또한 현장에 적합한 최적의 방법을 도출하기 위하여 시험시공을 통해서 현장에 적합한 공법을 선정하도록 하고 있다.

식생복원녹화의 목표는 대상지의 다양한 조건들이 영향을 미치게 되므로 단순히 사용하는 종자의 배합뿐만 아니라 식생기반, 유지관리 등에 대한 복합적인 검토가 필요하다. 자생식물을 이용한 녹화에서는 지역에 적합한 식물종을 찾아내고, 이를 이용하여 녹화공사를 수행하여야 하기 때문에 토양 및 식생교란이 이루어지기 전에 식생복원녹화를 위한 준비가 시작되어야 한다는 점을 간과해서는 안 된다.

표.2.1 녹화공의 식생복원 목표

식생복원 목표		군락의 외형	주요 적용지역
기본형	초본위주형	초본류가 주체가 된 군락	주변이 초원이나 농경지로 된 곳, 급경사지
	초본관목혼합형	초본과 관목류가 주체가 되는 군락	완경사지, 채석적지, 잡목림지 등
	목본위주형	목본류가 의한 수림이 주체가 되는 군락	산복붕괴지, 자연공원지, 성토 비탈면, 완경사지, 평탄지 등
특수형		특수한 식생군락	백두대간보호구역, 국립공원, DMZ 일원, 생태·경관보전지역, 도시녹지, 도시공원주변 등

표.2.2 식생복원 목표에 따른 복원 방법과 목표 시기

식생층 조성	복원 방법				목표 시기		
	No.	파종	식재	유도	단기 (1~2년)	중기 (3~5년)	장기 (6~10년)
초본층	①	✓			◉	○	
	②		✓		○	◉	
	③			✓		△	
	④	✓	✓		◉	○	
	⑤	✓		✓	○		
	⑥		✓	✓		△	
	⑦	✓	✓	✓	◉	○	
초본층 + 관목층	①	✓			○	◉	△
	②		✓		○	◉	○
	③			✓		△	△
	④	✓	✓		◉	◉	◉
	⑤	✓		✓		○	○
	⑥		✓	✓		◉	○
	⑦	✓	✓	✓	◉	◉	◉
초본층 + 관목층 + 교목층	①	✓				△	◉
	②		✓			○	◉
	③			✓			△
	④	✓	✓			◉	◉
	⑤	✓		✓			○
	⑥		✓	✓		○	◉
	⑦	✓	✓	✓			◉
◉ : 가능성 높음 ○ : 가능함 △ : 현장 상황에 따라 가능성 변동							

식생복원녹화는 건설 프로세스와 통합적으로 운영되어야 한다. 특히 자생식물을 이용한 녹화는 건설공사의 시행 전, 중, 후에 순차적으로 이루어지며, 여기에는 토양 처리, 식물재료의 확보, 식물 운반 및 설치 등이 포함된다. 식생복원녹화를 수행하기 위해서는 전문가가 필요한데 녹화전문가는 공정 및 계획을 검토하며, 계획이 잘 이행되도록 하여야 한다. 바람직한 결과를 도출하기 위해서는 초기 관리를 잘 해야 하며, 특히 모든 경우에 있어서 자생식물이 생장할 수 있는 조건을 개선하기 위해서 노력해야 한다.

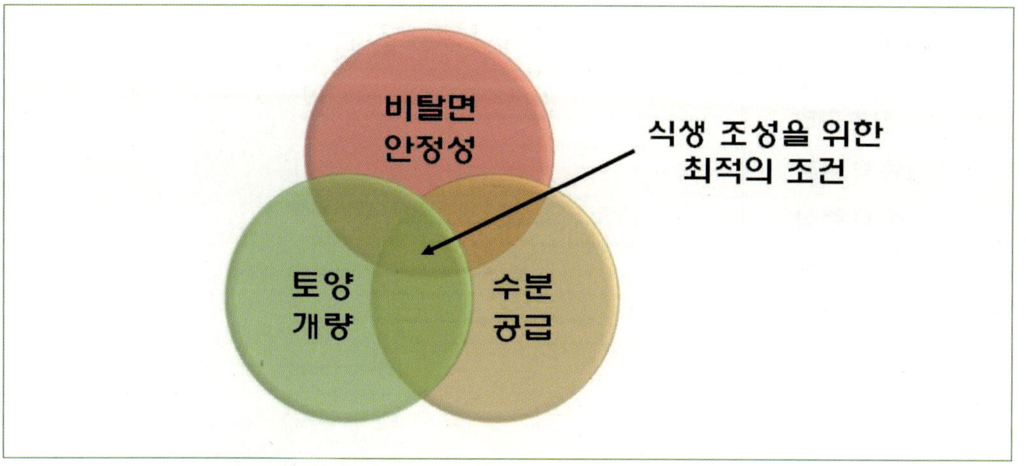

그림.2.1 식생복원녹화를 위한 고려사항

표.2.3 자생식물을 이용한 식생복원녹화에서 검토해야 주요 항목

항목	주요 내용
녹화 목표	• 자생식물을 이용한 단계별(단기, 중기, 장기) 식생복원 목표
식물재료의 특성	• 사용하고자 하는 식물의 종류, 형태 및 생육 특성
녹화 제한 요소	• 녹화의 성패를 좌우할 수 있는 환경적(기후, 강수량, 토질, 경사, 방위, 요철 등) 요소
녹화 시기 및 방법	• 녹화공사의 적용 시기 및 방법
관리	• 녹화시공지의 관리 및 모니터링 계획

자생식물을 이용한 녹화는 좀 더 세분화해서 검토할 필요가 있는데 1) 토양과 대상지 관리, 2) 식물재료의 확보, 3) 식물재료의 도입 그리고 4) 도입된 식물의 관리 등이 포함된다.

자생식물을 이용한 녹화는 현지에서 식물재료를 확보하고 이를 녹화에 적용하기 위한 준비단계가 필요하기 때문에 본격적으로 건설공사가 시작되기 2~3년 전부터 시작되어야 한다. 또한 건설공사가 종료된 이후에도 수년간 지속적으로 유지관리 등이 수행되어야 하기 때문에 녹화의 최적 시간을 찾아내고 예산을 적절히 배분하는 것이 중요하다.

다음 그림은 건설공사 시점을 기준으로 그 전에 종자를 채취하고, 묘목을 키우는 등의 사전 준비 과정이 필요하다는 것을 보여준다. 기존의 방식에서는 녹화공사가 시작되는 시점에서 외부 종자를 구매하여 사용하였지만, 자생종을 이용하는 녹화는 이보다는 훨씬 더 많은 준비과정이 필요하다.

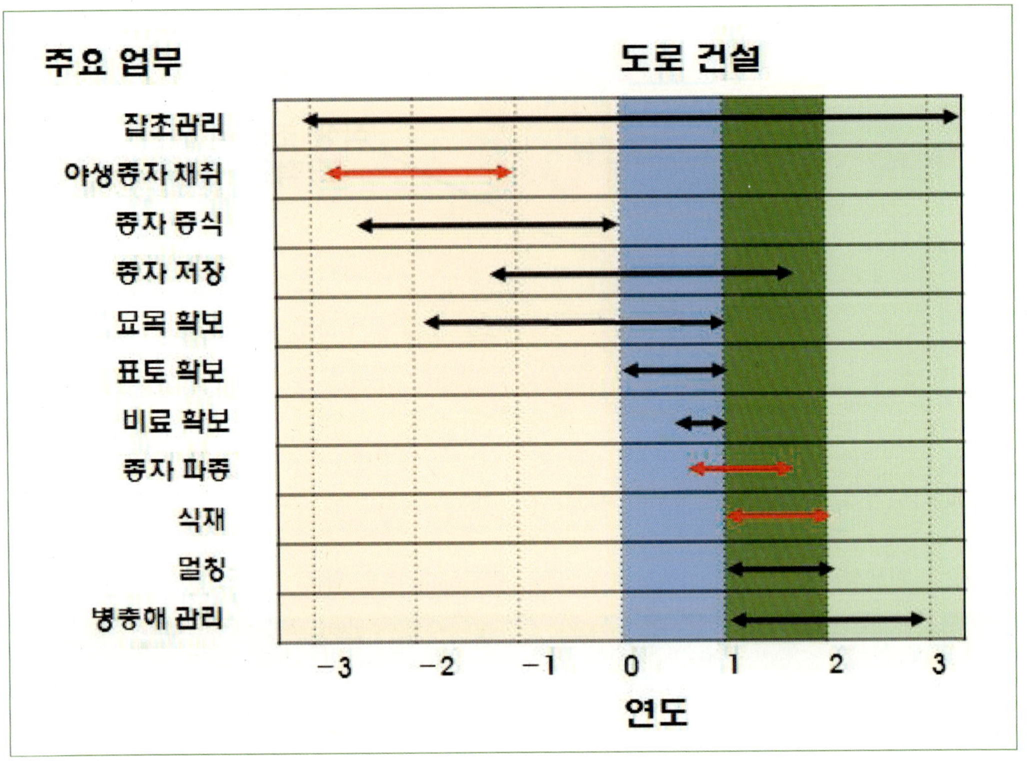

그림.2.2 자생식물의 종자 및 묘목을 이용하기 위한 녹화 프로세스
* 자료 : David 등(2007) 자료를 토대로 재작성함

2.2 녹화계획 수립

계획 검토

녹화는 식물에 의해 변화하는 과정을 거치게 되므로 시간적 개념에서 장단기 목표를 가지고 있어야 한다. 예를 들면 단기목표에는 침식방지, 수질보호, 멀칭, 식생피복과 같은 조기에 달성할 수 있는 목표가 포함되며, 식생피복을 위해 잔디류나 광엽초본류와 같이 빨리 성장하는 식물종이 주로 사용된다. 장기목표에는 침입 잡초 방제, 경관적 영향, 토양복원을 통한 건강한 자생식물군락 조성 등이 있는데, 식생 중에서 심근성 수목, 관목류 등에 의한 도로변의 안정, 경관적인 영향 개선, 식물군집의 유지 등을 고려하여야 한다.

식생복원녹화 계획 수립에는 몇 가지 단계가 있다. 1단계에서는 녹화 단위의 세분화가 필요하며 토양특성, 미기후, 식생유형, 관리요구도와 같이 다양한 특성을 파악해야 한다. 녹화목표 수립에 필요한 정보는 주변의 자연지역 또는 녹화지역에서 얻을 수 있다. 녹화의 목표는 각 녹화 단위 별로 측정 가능한 식생피복률, 종 구성 등과 같이 각각의 녹화 구역별로 측정 가능한 목표로 표현할 수 있다. 예를 들면 "종자파종 2년 후에 식생피복도는 50%에 달해야 하며, 이때 75%가 다년생 자생식물에 의해 구성되도록 하는 것"이다. 이와 같이 녹화의 목표를 정하는 것은 대상지가 어떻게 변화되면서, 목표로 하는 식생복원의 방향으로 가고 있는지를 모니터링 하는데 사용할 수 있는 측정 가능한 기준을 정의하는 것이다.

식생복원녹화의 목표는 지형 및 식생기반 환경과 연관되기 때문에 주변 지형과의 관계, 지형복원, 그리고 녹화가 된 이후 자연스럽게 주변과 조화를 이룰 수 있도록 수립되어야 한다.

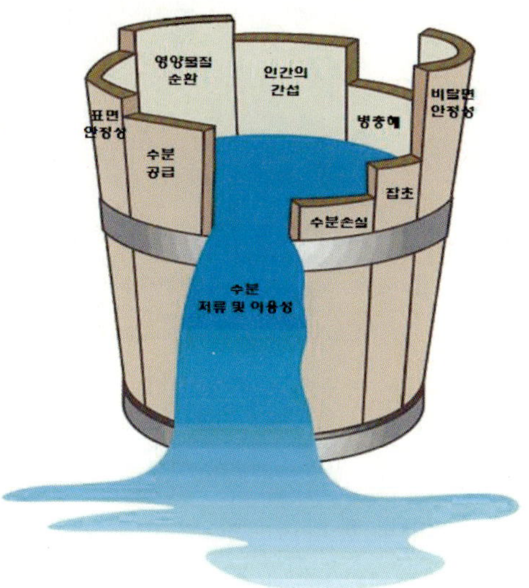

번호	제한 요소	항목
1	수분 공급	강수량, 차단량, 침투량, 배수 등
2	수분 저류 및 이용성	토성, 암편, 토양 구조, 뿌리 깊이, 토양균류 등
3	수분 손실	바람, 경사, 경쟁식생, 토지피복 등
4	영양물질 순환	표층토, 유기물함량, 질소와 탄소, 영양염류, 산도, 염도 등
5	표면 안정성	강수와 바람, 동결융해, 토지피복, 표면경도, 침투능, 비탈면 경사, 표면 거칠기, 비탈면 길이 등
6	비탈면 안정성	투수능, 차단층, 수분공급, 비탈면 길이, 경사, 토양경도 등
7	잡초	잡초의 공급원, 잡초 성장 환경 등
8	병충해	동물해, 곤충해 등
9	인간의 간섭	병, 도로 유지관리, 휴양적 이용 등

그림.2.3 녹화에 영향을 주는 제한요소 및 매개변수들
* 자료 : David 등(2007) 자료를 토대로 재작성함

그림.2.4 자연스럽게 지형이 연결되도록 한 광산 복구 사례(홍콩 Lamma 광산의 습지 서식처)

그림.2.5 수직에 가까운 옹벽에서 목본의 생장

2단계에서는 식생복원녹화 대상지의 특성과 제한사항들을 파악하며, 토양과 기후와 같이 식생형성에 중요한 요소를 평가한다. 한정되어 있는 자원과 같은 녹화의 제한요소들을 조사하여야 하며, 녹화단위에 대하여 토양 깊이와 제한요소 등에 대한 현장 조사를 수행하여야 한다. 특히 제한요소의 결정에 기초를 두고, 단기적인 요소로서 가능한 저감방법, 그리고 장기적인 요소로서 식물군집 형성 등과 같은 것들을 검토하여야 한다.

3단계에서는 식물종, 종자공급원, 잔존식생 유형, 식재방법과 같은 대상지의 환경적 조건에 부합되는 내용들을 검토한다. 참조생태계의 식물과 현존 식생군집의 종합적인 목록을 토대로 대상지에 가장 적합한 입지 및 식생을 선정해야 하며, 이때 종자공급원, 유형, 적용방법에 대한 사항들을 검토하여야 한다.

4단계에서는 식생복원녹화를 위한 종합적인 전략에 지금까지 파악된 핵심 요소들을 포함시키도록 한다. 훼손 저감방법이나 녹화를 위한 가능한 대안들을 검토하여야 하며, 현장에 적합한 방법을 선정하여야 한다. 특히 입지의 특성, 필요한 식물, 그리고 기타 조건(비용이나 식물재료의 확보 및 서비스 등)을 기본적으로 고려하여야 한다.

녹화 방법 검토

녹화공은 녹화기초공, 식생공, 유지관리공으로 구분할 수 있다. 기존에는 식물을 심거나 종자를 파종하는 식생공만을 녹화공으로 보았지만, 광범위한 개념에서 녹화기초공에서부터 유지관리공까지를 녹화공으로 보는 것이 타당하다.

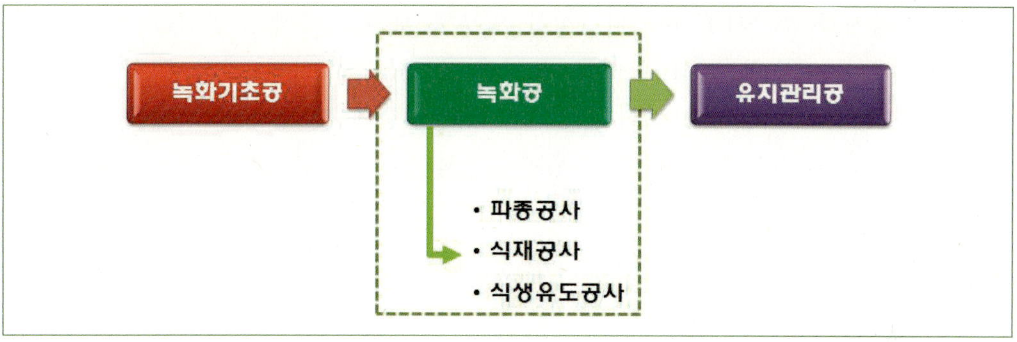

그림.2.6 녹화공 분류

녹화기초공은 도입한 식물이 지속적으로 건강하게 생육할 수 있도록 식생기반 환경을 조성하는 방법으로서 우선 비탈면에서 침식 및 붕괴에 대한 안정성을 높여서 생육기반을 안정화시키는 기능을 하며, 토양 물리성의 개선, 배수시설 설치, 각종 네트류의 설치 등으로 생육기반을 개선시키는 기능을 한다. 또한 사용한 식물이 발아하고 생육할 수 있도록 녹화대상지의 미기후 개선을 통한 기상 조건을 완화시키는 것도 녹화기초공사로 볼 수 있다. 녹화기초공사는 이와 같이 식물을 직접 도입하기 전 또는 식물도입과 병행하여 생육기반의 안정화 및 개선 등을 통해 식생이 잘 정착될 수 있도록 하는 것이다. 이를 위해 각종 철망, 천연섬유네트 및 매트류(Jute, Core, 볏짚), 자연석, 실, 격자블럭류(PC CON′C, PE, PY 등), 힘줄박기, 편책, 보강토공, 각종 사방공법 등이 적용되고 있다.

식생공은 대상 비탈면에 식물을 도입하는 방법으로서, 종자파종에 의한 방법, 식물 식재에 의한 방법이 있으며, 직접 식물을 도입하지는 않지만 향후 식물이 들어올 수 있도록 유도해주는 방법도 포함된다. 종자파종에 의한 방법에는 종자살포(기계/인력), 객토종자 뿜어붙이기, 종자네트, 종자매트, 종자대(자루형, 띠형) 등의 방법이 있으며, 식물을 식재하는 방법에는 수목식재, 잔디식재, 초본(야생화류)식재, 식생반공, 식생자루, 식생혈공, 새집공 등이 있다. 또한 식물을 직접 도입하지는 않지만 매토종자 활용 및 주변식생 종자의 자연 침투를 촉진하는 방법으로 식생을 유도해주는 방법이 있는데, 여기에는 산림표토(잠재종자) 뿜어붙이기, 무종자 식생기반재 뿜어붙이기 등이 있다.

식생유지관리공은 식생복원녹화 목표를 달성하기 위해 적절히 관리를 해주는 것이다. 녹화는 주변에서의 식생천이를 통한 안정적인 식물환경을 조성해주는 것이므로 시공 후 비탈면 식생관리는 적절한 시기에 수행되어야 하며, 점검, 유지관리 등의 일련의 작업이 수반되어야 한다. 식생복원녹화 목표에 가깝게 다가가기 위해서는 종자를 추가파종 하거나, 식물 일부를 보완 식재하는 방법을 적용하거나 도입된 식물이 양호한 식생 상태를 유지할 수 있도록 하기 위하여 시비, 관수, 제초 등을 방법을 이용하기도 한다. 또한 각종 병충해 및 동물의 피해를 방지하기 위한 보호관리 차원에서 예방약제, 생육증진처리 등을 실시한다.

2.3 사전 조사

비탈면 녹화에 영향을 주는 요인

식생복원녹화는 사용하는 식물의 특성, 대상지의 토질 특성, 기후조건 등에 크게 영향을 받는다. 식생복원녹화에는 종자와 묘목이 같이 사용되고 있으나, 대부분의 녹화공사에서는 대량으로 종자를 파종하는 경우가 많으므로, 종자의 발아 및 생육특성에 대한 검토가 필요하다.

종자로부터 시작하는 녹화는 발아 및 생장과정 중에 환경과 식물의 상호 관계 속에서 식생군락이 조성되기 때문에 식물의 생장에 영향을 미치는 환경과의 관계를 파악하여야 한다.

[발아 및 생장에 미치는 요인]

식생복원녹화에 종자를 이용하는 경우 파종된 종자가 발아해서 유묘가 되고, 또 성목이 되는 과정에 많은 환경요인들이 영향을 미치게 된다. 또한 초기에 종자의 발아에 미치는 환경적 요인과, 이후 정착된 식물의 생육에 미치는 환경요인은 동일하지 않기 때문에 녹화효과를 초기단계에서 예측하기란 쉽지가 않다.

종자의 발아에는 수분과 온도 조건이 가장 큰 영향을 미치지만, 종자가 발아된 이후 식물의 생장은 수분과 온도뿐만 아니라 생육기반층의 성질, 혼합된 식생의 특성 등에도 좌우되는 것으로 알려져 있다.

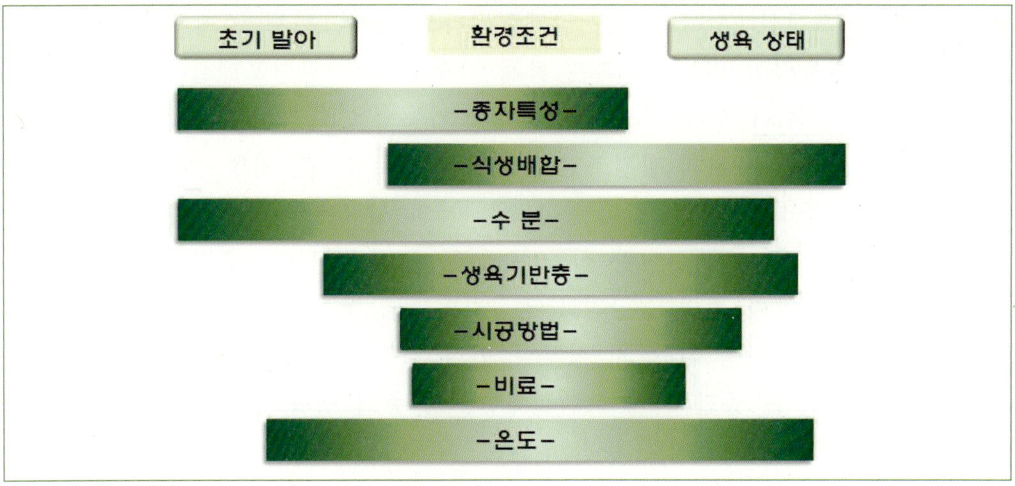

그림.2.7 초기 발아와 생육 상태에 미치는 요인

발아촉진 처리에 따른 붉나무 종자의 발아 실험	녹화용 자생식물의 초기 발아 상태

그림.2.8 발아 실험과 현장에서의 초기 발아 상태

일단 파종된 종자가 발아된 이후에는 식생 형성 및 유지에 영향을 주는 인자들에 대하여 복원 대상지의 환경적 특성과 연관시켜 볼 필요가 있으며, 이 때 살펴보아야 하는 것이 환경포텐셜이다.

환경포텐셜의 개념에는 입지, 종의 공급, 종간 관계, 그리고 천이의 4가지 포텐셜이 있다. 포텐셜(potential)은 잠재력이라고 하며, 현재 존재하고 있지는 않으나 발견될 가능성이 있는 힘 혹은 물체인 것으로서, 환경포텐셜은 특정 장소에 있어서 종의 서식이나 생태계 성립의 잠재적 가능성을 나타내는 개념이다.

입지 포텐셜이란 토지의 환경조건에 관한 것으로 기후, 지형, 토질, 강수량 등 녹화 대상지를 둘러싼 환경조건이 특정 생태계의 성립에 적당한가를 나타내는 포텐셜이다. 종의 공급 포텐셜이란 식물 종자 등이 다른 곳으로부터 공급될 가능성을 나타내는 것으로써 종의 공급원과 공급처의 공간적 관계, 종자의 이동 특성에 의해 결정된다. 특히 녹화대상지 상부나 인접 지역의 식물군락 형태가 직접적인 영향을 미치게 된다. 종간 관계 포텐셜이란 식물종의 생육과 서식과의 관계를 나타낸다. 모든 생물종은 복잡한 종간 관계로 이루어진 생물간 상호작용을 하고 있으며, 훼손지에서는 파종하거나 식재한 식물종과 주변에서 이입될 수 있는 종간의 관계에 영향을 받게 된다. 천이 포텐셜이란 생태계의 시간적 변화가 어떤 과정을 거쳐 어느 정도의 속도로 진행되며, 최종적으로 어떤 모습이 될 것인가 하는 가능성을 나타낸다.

따라서 파종하거나 식재한 식물이 훼손지나 비탈면에서 자리를 잡아가는 과정은 입지 포텐셜, 종의 공급 포텐셜, 종간 관계 포텐셜, 그리고 천이 포텐셜에 의해 결정된다. 위에서 제시한 환경포텐셜을 평가하면 훼손지를 녹화할 때 미리 그 가능성을 파악할 수 있기 때문에 적절한 후보지의 선정이나 목표를 설정할 수 있게 된다.

[종자의 위치]

식생복원녹화에 사용하는 종자는 일정 수준의 수분이 공급되어야 발아가 되며, 수분의 흡수와 발아개시 현상은 식물종에 따라 차이가 있다. 작은 종자는 수분을 조금 흡수해도 발아가 되지만, 콩과식물과 같이 종자가 큰 경우는 상대적으로 수분을 많이 흡수해야 발아가 시작된다.

현장시공에 있어서는 일반적으로 실험실에서 측정한 종자 발아율 자료를 이용하게 된다. 실험실에서는 종자의 발아에 필요한 온도나 수분을 적절히 제공해주지만, 현장에서는 자연 강수에 의존하면서 토양 중에 함유된 수분상태에 영향을 받게 되므로, 실험실의 발아율과 현장의 발아율과는 매우 큰 차이가 있다.

종자는 물과 식생기반재가 혼합된 상태로 현장에 파종되는데 현장에서는 표토나 식생기반층이 건조하게 되면 종자에 충분한 수분이 공급되지 않아서 발아력을 잃게 되므로, 파종 직후 발아할 때까지 초기단계에서의 수분유지가 필요하다. 수분유지는 적용공법과 시공시기에 따라서 달라지므로 특히 목본류를 파종하는 경우에는 초본류 종자만을 이용하는 경우보다 종자의 정착과 수분환경의 개선에 더욱 신경을 써야 한다.

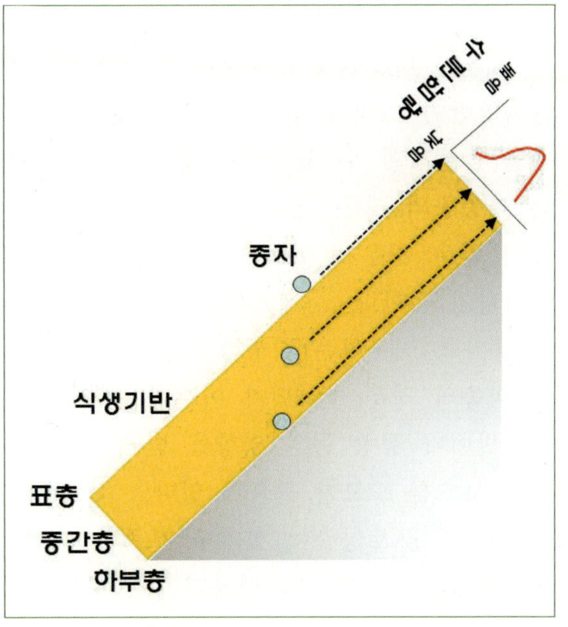

그림.2.9 녹화층에서 종자의 위치와 수분량과의 관계 그래프

두꺼운 식생기반재 뿜어붙이기 공법에서는 시공두께가 두꺼워질수록 재료 속에 종자가 많이 혼합되고, 또한 하부에 위치하여 발아에 사용되지 못하는 종자들이 많아진다. 종자의 가격이 저렴하고 대량 구입이 가능한 식물종은 상관이 없지만 고가의 종자 또는 확보가 어려운 희귀한 식물종은 두꺼운층 내부에 매립되어 사라지는 것이 문제가 될 수 있다.

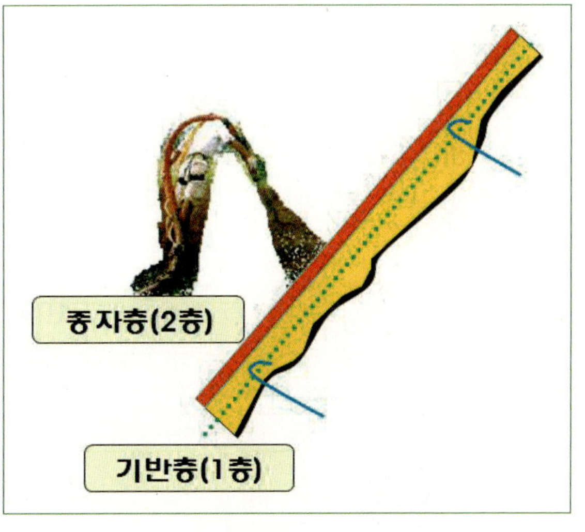

그림.2.10 2층 뿜어붙이기 시공방식 개념도

자연 상태에서도 토양층위를 보면 하부의 B, C 층 보다는 표층부의 유기물층, A층에 종자원이 많이 존재한다. 따라서 자연의 상태와 유사하게 식생기반층을 조성해주기 위하여 하부층에는 종자원이 없는 토양층 위주의 식생기반을 조성하고, 그 위에 종자원을 함유한 녹화층을 다시 조성해주는 2층(다층) 뿜어붙이기 방식이 이용되기도 한다.

[토양과 식물]

식물이 비탈면에서 생장하기 위해서는 식물이 뿌리를 내리고 정착할 수 있는 생육기반이 있어야 한다. 만약 토양이 없는 곳을 녹화할 경우 도입하고자 하는 식물이 생육할 수 있는 기반을 조성해 주어야 한다. 종자와 비료를 주재료로 하는 파종공의 경우, 건조의 영향과 토양 내 양분의 부족으로 녹화식물의 생육이 좋지 않은 경우가 있으며 기상 조건에 따라서 조기에 식물이 쇠퇴하는 현상이 나타나기도 한다.

종자를 이용하는 식생복원녹화 공사는 시공시기가 중요한데 늦가을이나 겨울철 파종의 경우 발아되기 이전에 종자가 휴면기에 들어가기도 하며, 겨울철에는 서릿발이나 동상 등의 영향을 받게 되는 경우가 있기 때문에 파종한 종자의 정착과 보호를 도모할 필요가 있다.

비탈면에 토양층이 없거나 부족한 조건에서는 식생기반층을 인위적으로 조성해주는 경우가 있는데 생육기반의 토양경도, 비탈면 경사와 식물의 생육관계가 녹화공의 입장에서 매우 중요하다. 토양 구조는 단일한 형태가 아니라 다양한 형태를 갖는 입단 구조로 조성이 되는 경우가 있다. 유기물이 다양하게 함유되어 있는 상태인 입단토양은 크고 작은 공극을 가지고 있다. 작은 공극은 수분, 양분을 보유하고 큰 공극은 배수력을 좋게 하고 양호한 통기성을 확보함으로써, 액체로 된 수분과 양분, 기체로 된 산소, 질소를 식물의 뿌리나 토양의 미생물에게 동시에 공급하는 역할을 한다. 따라서 입단구조가 잘 형성된 식생기반을 조성해주는 것이 녹화식물의 생장에 매우 유리하다.

그림.2.11 현지 토양의 샘플 채취

표토가 적은 비탈면의 경우 식물이 이용할 수 있는 양분이 적기 때문에 비료를 혼합하는 경우가 있다. 시공에 사용된 비료는 1~2개월이 지나면 대부분 유실되는 경우가 있으며, 이 때 발아된 식물이 일시에 쇠퇴하는 현상이 나타난다. 초기

단계에 영양분이 너무 많은 식생기반을 조성하게 되면 초본류가 초기에 우점하게 되고, 향후 목본류가 들어오는 것을 저해하게 된다. 또한 영양분이 유실될 때 일시에 식생이 쇠퇴하는 현상이 나타나기도 한다. 따라서 양분의 공급이 장기간 지속되는 것이 중요하다.

[초본과 목본식물]

식생복원녹화의 목표를 목본군락 조성으로 할 때 초기단계에서 초본류가 너무 번무하게 되면 목본류 생장이 영향을 받게 된다. 녹화용 식물로 목본과 초본을 비교해보면 초기 성장속도는 초본류가 빠른 반면 일단 목본류가 정착이 되면 비탈면 안정화에 기여하는 힘은 목본류가 월등히 우세하다. 식생복원녹화의 근본적인 목표 중의 하나가 비탈면을 조기에 식물로 피복하는 것이므로 조기피복과 경관개선을 위하여 사용하는 초본종과 안정성을 높일 수 있는 목본류가 혼합되는 것이 이상적인 녹화라고 할 수 있다.

그림.2.12 기존의 수목을 보호하면서 하층부를 녹화한 사례(인제·양양 도로구간의 산사태지 복구 사례)

우리나라 대부분의 건설현장에서는 조기녹화를 위해 외래초본류나 싸리류를 적극 도입하고 있는데 이들 종자는 생존력이 뛰어나 척박지에서도 발아 및 생장이 가능하다. 그러나 천이단계의 중 · 후기 수종을 이와 같은 방법으로 혼합하여 파종하게 되면 발아가 잘 되지 않거나 초기생장이 빠른 선구수종에 의해 피압되기 때문에 대상지 주변에 생육하고 있는 자생식물이라 할지라도 종자 파종 방법만으로는 건전하게 식생을 정착시키는 데에는 한계가 있다.

조기녹화 능력이 우수한 외래초본류를 과다하게 파종하는 경우 단일종에 의해 우점이 되는 폐해가 나타나기도 한다. 또한 다양한 식물종을 혼합하는 경우에도 종자의 발아능력은 종자 채취시기 및 보관 방법에 따라 차이를 보이기 때문에 복원목표에 부합하는 식생군락의 조성을 예측하기 어려운 것이 현실이다.

파종공이 식재공보다 유리한 점이 많음에도 불구하고 실제로는 종자 파종방법만으로 모든 수종이 다 발아되고 생장하여 큰 나무가 되는 것은 아니다. 따라서 종자상태로부터 도입이 어려운 수종이나, 해당 식생군집의 지표종이나 대표종 및 기존 수림에서는 다수 성립하고 있음에도 불구하고 종자상태로는 발아가 어려운 종에 대해서는 묘목의 식재, 주변에서 나무를 굴취하여 식재하는 등 별도의 대책을 강구하여 적극적으로 종의 보전에 힘써야 한다.

[파종과 식재]

식생을 도입하기 위한 대표적인 방법으로 종자를 파종(파종공)하거나 수목을 식재(식재공)하는 방법이 있는데, 이들 모두 식생복원에 있어서 자연산림에 가까운 기능을 가진 식물군락으로 조성하는 것이 중요하다. 즉, 자연산림과 유사한 근계구조를 형성할 수 있는 파종공을 기본으로 시공하고 추가적으로 발아율이 낮거나 중요한 수종 등은 식재공으로 보강하여 식생을 조성해주면 식생복원 품질을 한층 더 향상시킬 수 있다.

식재한 나무는 시공 즉시 비탈면에서 어느 정도의 존재감을 확인할 수 있고, 시공 초기단계부터 빠르게 입체적인 형태를 조성하기 때문에 경관적인 측면에서는 효과적일 수 있다. 그러나 급경사의 비탈면이나 경질인 깎기 비탈면에서는 근계발달이 더디거나 생육이 불량하기도 하다.

한편 목본 종자를 파종하여 녹화를 하는 경우에는 수목이 종자 발아에서부터 성장을 하기 때문에 어느 정도 크기까지 성장하기에는 시간이 많이 소요되는 단점이 있지만, 대상지 환경에 적응이 뛰어나며 암반 비탈면에서도 뿌리가 절리 틈새로 침입하여 자라며 측근도 길게 신장한다. 따라서 주변목과의 근계 뒤엉킴이 많아져서 그물망 효과가 커지고 토층의 붕괴에 대한 항근작용, 즉 붕괴억지력을 발휘하여, 바람에 대한 저항성이 높은 장점을 가지게 된다.

생태기반환경 조사

비탈면을 구성하고 있는 생태기반환경에는 비탈면의 구조적인 특징으로 인해 나타나는 경사, 방위, 요철 및 절리 등의 인자가 있다. 또한 비탈면의 원지반 특성을 나타내는 토질 즉 암반이나 토사 등의 조건에 따라서 다양한 조건의 검토가 필요하다.

표.2.4 비탈면을 구성하는 생태기반환경

특성구분		설명	각 조건에 따른 상대적인 녹화특성	
			녹화에 불리한 조건	녹화에 유리한 조건
기본 조건	경사	비탈면의 기울기	경사가 급하다	경사가 완만하다
	방위	비탈면이 바라보고 있는 방향	남향, 서향	북향, 동향
	길이	비탈면 상부에서 하부까지의 길이	길이가 짧다	길이가 길다
원지반	요철	비탈면 표면의 거칠기	요철이 없이 매끄럽다	요철이 많아 거칠다
	절리	비탈면 균열 및 방향	절리나 균열이 없다	절리나 균열이 있다
	원지반 성질	원지반의 토양 및 암반 조건	암반	토양
	토양경도	토양의 굳기	토양경도가 높다	토양경도가 낮다
	토성	모래, 미사, 점토로 이루어진 토성	모래 함량이 높다	미사, 점토 함량이 높다
구조	상부 돌림배수로	비탈면 상부에 조성된 돌림배수로 유무	돌림배수로가 있다	돌림배수로가 없다
	소단	소단의 유무	소단이 없다	소단이 있다
기타	주변 산림	비탈면 상부 산림 유무	상부 및 주변에 산림이 없다	상부 및 주변이 산림으로 연결되어 있다

녹화공사 초기단계에서 식물의 정착에 영향을 크게 미치는 특성은 비탈면 경사라고 할 수 있다. 비탈면 경사는 원지반 상태와 밀접한 관계가 있는데, 깍기 비탈면의 경우 산지쪽으로 올라갈수록 토양층이 나오고 하부로 내려갈수록 암반이 노출되는 경우가 대부분이다. 그리고 상부는 경사가 비교적 완만하고 하부는 경사가 급해지는 것이 일반적이다. 이는 식물의 생육조건과 연관이 되는데 경사가 완만하고 토양층이 있는 곳은 목본을 포함한 다양한 식물이 성장할 수 있다.

반면 하부의 암반과 같이 토양경도가 높고 경사가 급한 곳은 인공적으로 식생기반을 조성해주게 되는데, 여기에서는 주로 초본류 위주로 녹화계획을 세우는 것이 바람직하다.

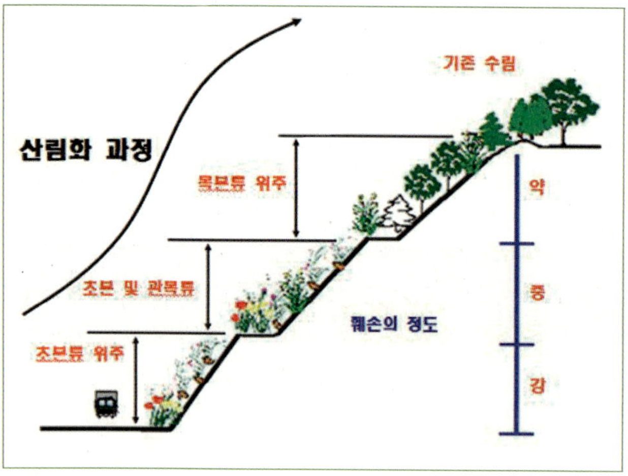

그림.2.13 비탈면 위치에 따른 식생복원녹화의 목표
* 자료 : 국토해양부(2009)를 토대로 수정함

식생복원녹화 목표에 부합되는 여러 가지 방법들이 있을 수 있는데, 이 단계에서는 다양한 대안들을 검토하여야 하며, 적절한 방법을 선정할 때 현재의 녹화계획 내에서 예산 및 일정에 부합하도록 하여야 한다. 특히 현장에 적용할 방법을 결정하는 것은 매우 중요하므로 현장 여건에 적합한 시공법을 잘 선정해야 한다.

표.2.5 비탈면 경사와 식물의 생육 상태

비탈면 경사	식물의 생육 상태
30° 이하	• 교목류가 우점하는 식생군락의 조성이 가능함 • 주변에서 자연침입이 용이하고, 피복이 완성되면 지표면 침식을 방지할 수 있음
30° ~ 45°	• 비교적 생육이 왕성함 • 나지상태로 방지할 경우 자연침입에 의한 군락 형성의 한계 경사임 • 중/저목류가 우점하며, 초본류가 지표면을 덮는 군락 조성이 가능함
45° ~ 60°	• 자연 침입하는 종의 수가 감소하며, 정착된 식물의 생육이 그렇게 좋지는 않음 • 초본류가 지표면을 피복하는 녹화가 바람직함 • 교목류의 도입은 기반을 불안정하게 할 우려가 있음
60° 이상	• 전반적으로 생육이 불량함. 초본류의 쇠퇴가 빠름 • 암비탈면의 절리 등에 뿌리가 침투해서 생장할 것을 기대할 수 있음 • 초본류의 도입이 가능하지만 장기적인 생육을 기대하기는 곤란함

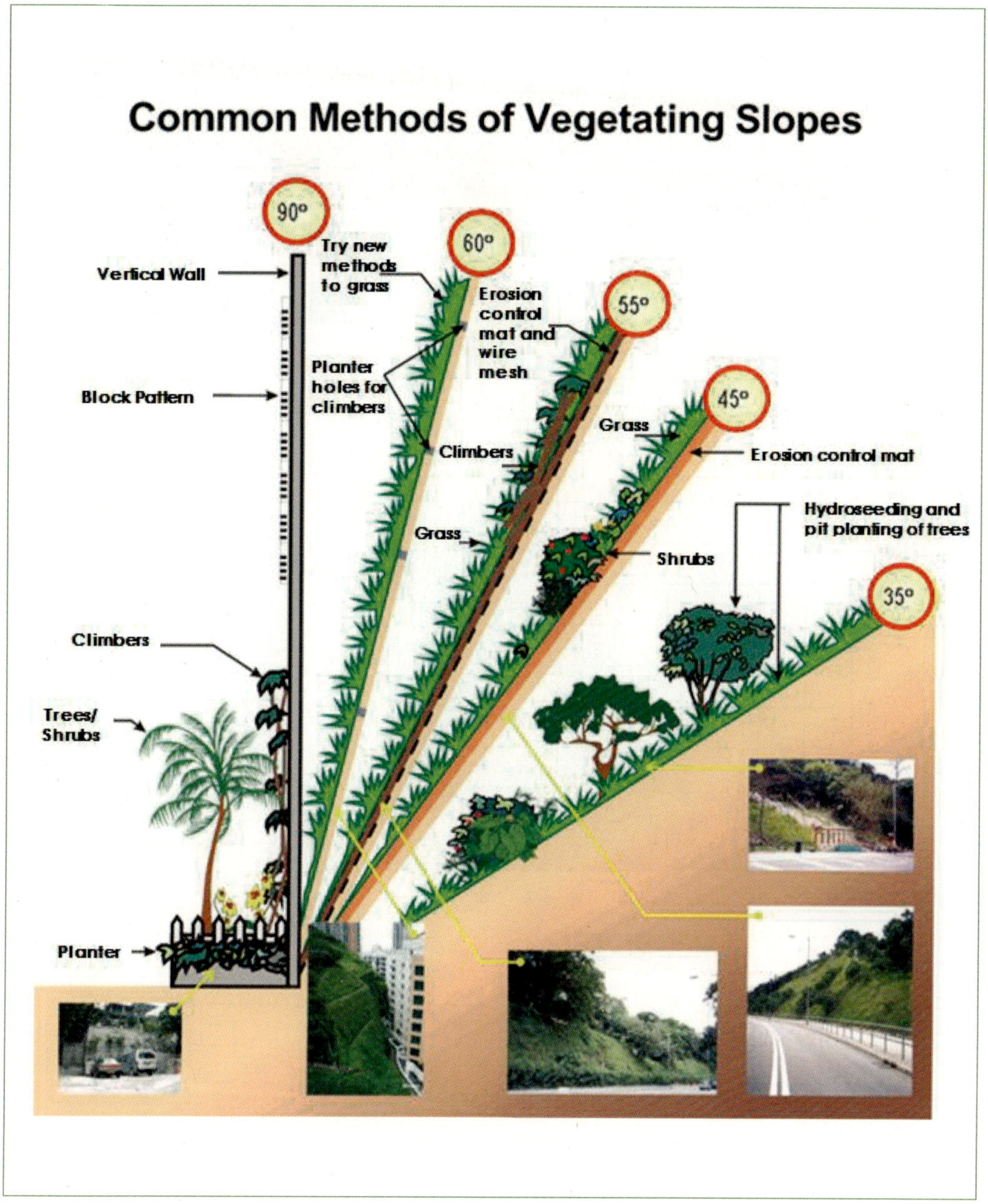

그림.2.14 비탈면 경사도에 따른 녹화식생 적용을 위한 기준

* 자료 : 김경훈 등(2010). Geotechnical Engineering Office(홍콩)의 사례를 토대로 수정함

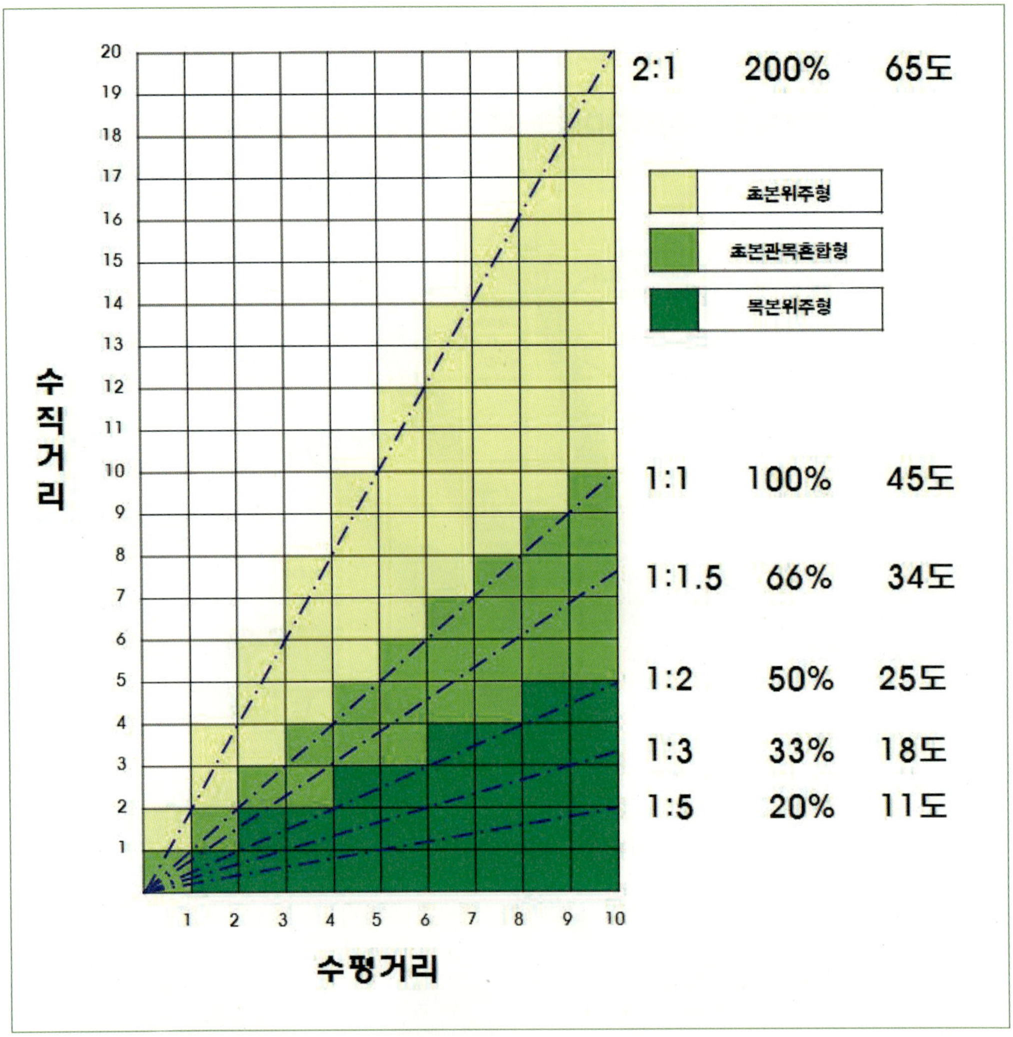

그림.2.15 비탈면 경사에 따른 식생복원 목표

결국 비탈면 경사에 따라 녹화 방식과 적용할 수 있는 식물도 달라지는데, 경사가 완만해질수록 교목류가 적용될 수 있는 반면에 경사가 급해질수록 초본류나 덩굴류에 의한 녹화가 현실적인 대안이 된다.

또한 옹벽과 같이 식생의 정착이 곤란한 곳에서는 식재기반을 별도로 조성해 주어야 하는데, 인공지반 녹화의 방법으로 주로 건축물의 외벽에 식생을 도입하는 방법을 적용하기도 한다.

그림.2.16 식생옹벽 조성 사례(일본 북해도)

그림.2.17 건축물의 외벽면을 녹화한 사례(일본 오키나와)

비탈면을 구성하는 인자 중에서 식물 뿌리의 생장과 관련이 있는 것이 원지반의 토양경도, 요철 및 절리, 토성 등이다. 이중 토양경도가 중요한데 토양경도는 식물의 뿌리가 생장을 하는데 영향을 주며, 일반적으로 토양경도가 낮으면 식물뿌리의 침투가 용이하고, 토양경도가 너무 높으면 식물뿌리의 생장이 장애를 받는다.

토사비탈면일 경우에는 원지반의 토양경도가 중요하지만, 암반 비탈면과 같이 인위적으로 식생기반을 두껍게 조성해줄 때에는 뿜어붙여진 식생기반의 토양경도가 중요하다. 또한 비탈면 조건에서는 식생기반의 토양경도가 너무 낮을 경우 침식이나 유실의 우려가 있기 때문에 비탈면 조건에서 흘러내리지 않으면서도 식물생육에 무리가 없을 정도의 적정한 굳기를 유지하는 것이 중요하다.

식생기반을 조성해줄 때에는 토양 물리성이 매우 중요한 인자로 작용한다. 우선 토양경도를 볼 때 식생기반내에서 식물뿌리가 잘 뻗어나갈 수 있는 것이 좋다. 그렇다고 너무 부드러운 토양은 평지에는 상관이 없지만 비탈면과 같은 경사조건에서는 하부로 유실될 수가 있으므로 비탈면에서 유실이 되지 않으면서, 식물뿌리의 생장에 영향을 미치지 않는 수준으로 조성하는 것이 필요하다.

비탈면 조건에서 식물뿌리의 생장에는 토양경도 18~27mm(토양경도지수) 수준이 가장 적합하다고 알려져 있다. 공기압밀식으로 조성하는 두꺼운층 식생기반재뿜어붙이기의 경우 재료의 부착을 위해 접착제를 사용하거나 높은 압력으로 붙여주기 때문에 다른 방식보다 토양경도가 상대적으로 높게 나타난다. 공기압밀식 방식으로 시공한 경우 식생기반층의 토양경도가 30mm를 넘게 되는 경우가 많이 있는데, 이 조건에서는 식물의 뿌리가 생장하는데 스트레스를 받게 되므로 다양한 식물이 잘 자라지 못하게 된다. 이 방식에서는 건조 후 표면에 미세한 균열이 발생하게 되는데 결국 발생된 균열 사이에서만 종자가 발아하게 되고, 이들이 생장하여 전체를 피복하게 되는 것이다.

표.2.6 토양경도지수와 식생생육의 관계

토양경도지수 (mm)	식물생육 상태	적용성 검토[1]		관리대책
		파종	식재	
18mm 이하	대부분의 식물이 생육 양호	◎	◎	비탈면 표면침식, 발아된 종자의 건조피해 확인
18mm ~ 23mm	식물 지상부와 지하부의 생장에 적당 / 목본과 초본 모두 생육 양호	◎	◎	
23mm ~ 27mm	식물의 생육은 양호하지만 생육활성이 그다지 좋지 않음. 초본은 양호	◎	△	
27mm ~ 30mm	흙이 너무 단단해서 식물의 생육이 곤란함	△	x	식생기반층 균열 발생 확인
30mm 이상	식물의 근계의 침입이 곤란함	x	x	근계가 생육할 수 있는 영역을 별도로 조성해주어야 함

1) 적용성 : ◎ 적합, △ 보통, x 부적합

* 자료 : 국토해양부(2009)를 토대로 일부 수정함

비탈면이나 훼손지 원지반의 상태 또한 녹화의 품질에 영향을 미치게 된다. 상대적으로 거친 비탈면 표면은 뿌리의 발달, 표면 안정성 확보, 유기물질의 분해속도 증가에 영향을 미치며, 이는 식생 생육에 직접적인 영향을 준다. 표면의 요철이나 절리 등은 비탈면의 안정성에 좋지 않은 영향을 미칠 수는 있지만, 표층부의 조건에 따라서 부식물질이 토양내에 스며드는 정도나 침투율에 영향을 미치게 된다.

식물은 생장하는데 필요한 최소한의 토양 깊이를 요구하고 있다. 평지를 기준으로 할 때 일반적으로 초본식물은 20~30cm 정도의 두께, 관목류는 30~60cm, 교목류는 60~150cm 정도의 토양층이 있어야 잘 생육할 수 있다.

암반비탈면의 경우 인공적으로 식생기반을 조성해주게 되는데, 식물은 인위적

으로 조성한 식생기반에 뿌리를 내리고 살게 된다. 충분한 식생기반을 조성해주면 상관이 없지만, 조성해주는 두께도 한계가 있기 때문에 식물은 식생기반 외에도 비탈면의 요철부위에 뿌리를 침투하고 성장하게 된다. 그리고 식생기반이 두껍지 못할 경우 뿌리는 비탈면 경사방향으로 하부로 길게 성장을 하게 된다. 녹화용으로 사용하고 있는 초본류는 뿌리가 중력방향으로 내려가게 되며, 두꺼운 식생기반재 뿜어붙이기 공법에서는 요철부위나 철망, 앵커핀 등에 뿌리를 감고 생장하게 된다. 그러나 식생기반의 두께가 너무 두꺼울 경우 초본류 뿌리가 원지반이나 철망까지 침투하지 못하게 되는 경우도 있다.

그림.2.18 원지반의 형태에 따른 식생기반의 조성 및 식물뿌리의 침투

한편 두꺼운 식생기반재 뿜어붙이기 공법은 급경사의 경암에 주로 시공하게 되는데 이곳은 목본류의 생육이 어려운 경사조건이므로 주로 초본류 위주(한지형 외래초종)의 녹화가 이루어진다. 일반적으로 압밀식 방식으로 시공할 경우 식생기반층의 토양경도가 높아지는데, 이러한 조건에서는 초본류의 뿌리가 원지반까지 침투하지 못하고 기반층 내에만 머물다가 표층 유실에 의해 식생까지 탈락하는 문제가 발생할 수 있다.

따라서 비탈면에서의 식물 생장은 식생기반의 두께에 좌우되는 것이 아니라 식물 뿌리가 잘 뻗을 수 있는 조건을 갖춘 상태의 토양이화학성이 더 중요한 요소라고 할 수 있다.

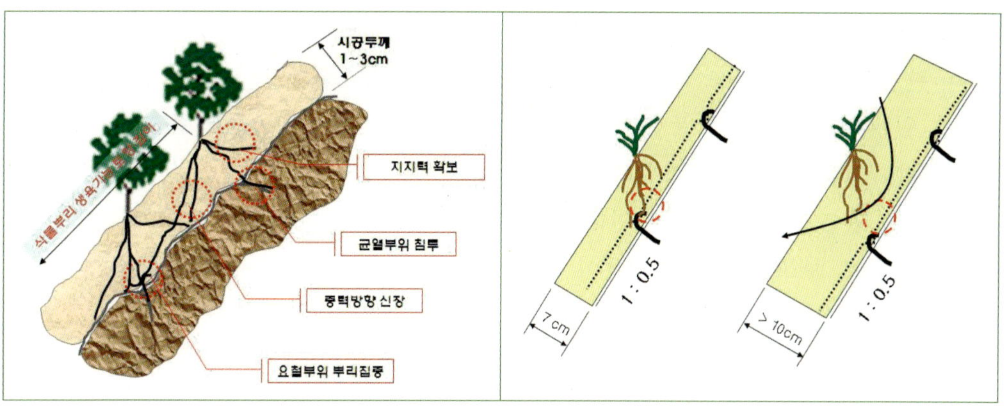

그림.2.19 식생기반과 비탈면의 상태에 따른 식물뿌리의 침투

이와 같이 생태기반환경에는 매우 다양한 조건들이 있으며, 이들 조건에 따라서 녹화에 영향을 미치는 요인이 다르기 때문에, 녹화 계획을 수립할 때에는 대상 비탈면이 가지고 있는 특성을 분석하고, 또한 제한요소를 해결하기 위한 보완방법, 유지관리 등의 계획을 사전에 수립하여야 한다.

생태환경 조사

생태환경에는 아주 다양한 조건들이 있으며, 이들 생태환경을 인위적으로 조절하는 것은 매우 어렵다. 또한 개별 식물종이나 녹화 목표에 따라서 요구하는 기온, 강수량 조건 등이 다르기 때문에 녹화에 적합한 조건을 일률적으로 제시하는 것은 바람직하지 않다.

다만 건조한 것 보다는 강수량이 많은 것이 좋고, 기온이 너무 낮은 것 보다는 적당한 온도가 유지되는 것이 좋다고 할 수 있다. 또한 직사광선이 많이 쬐이면 건조가 심해질 가능성이 있고, 겨울철 기온이 낮아지면 식물이 동해 피해를 받을 우려가 있는 등 생태환경에 따라서 녹화 특성도 크게 좌우가 되는 것이 현실이다. 여름철 남향비탈면의 경우 상대적으로 햇볕을 많이 받기 때문에 건조해지기 쉬워 식물이 쇠퇴하게 되는 원인이 되기도 한다.

생태환경 중에서 가장 중요한 요인으로는 기온과 강수량을 들 수 있다. 기온은 식물이 발아하고 생육하는데 중요한 요인이 되므로, 적합한 기온 조건에서 녹화를 하는 것이 중요하다. 식물이 살아가는데 필요한 요소인 물은 자연강수에 의존하게 된다. 따라서 봄철이나 가을철에 강수량이 부족할 경우에 식물체의 생장상태가 악화되는 것을 볼 수 있다.

생태환경 조건을 인위적으로 조절하기 어렵기 때문에 강수량이 부족할 경우에는 관수를 실시하기도 하고, 직사광선을 받아서 피해가 예상되면 햇빛을 조절할 수 있는 차광막 설치 등을 고려하는 것도 대안이 될 수 있다.

식물은 기온 특성에 따라 그 지역에 적합한 종을 적용하는 것이 중요하다. 이때 사용할 수 있는 것이 온량지수인데, 온량지수란 식물의 생육에 필요한 생리적 최저온도를 5℃로 보고, 월평균 기온이 5℃ 이상인 각 달의 월평균 기온에서 5℃씩을 빼어 그것을 모두 합친 값을 말한다.

앞으로는 지구온난화 현상으로 기후변화에 따라 식생도 점차적으로 변화할 것으로 예상되므로, 변화되어질 미래 환경을 고려하여 온량지수를 감안한 식생복원녹화 식물을 선정하는 것이 필요가 있다.

표.2.7 온량지수에 의한 식생대 구분

온량지수 (Warmth Index, WI)	식 생 대
WI 〈 55	아한대림
55 〈 WI ≦ 85	냉온대 북부림
85 〈 WI ≦ 100	냉온대 중부림
100 〈 WI ≦ 108	냉온대 남부림

표.2.8 우리나라 중부지방 녹화용 목본식물의 온량지수 분포

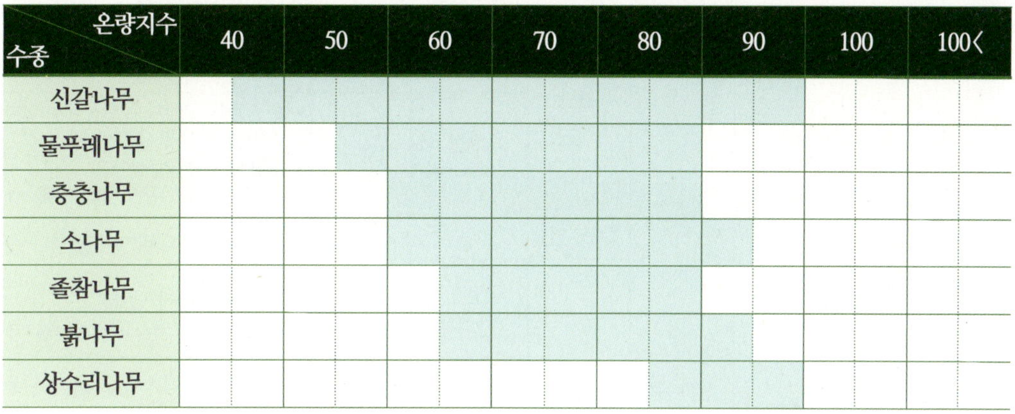

또한 식물소재의 원산지도 매우 중요한 요소이다. 식생복원녹화는 그 지역의 환경 특성과 밀접한 관련이 있기 때문에 가급적 복원대상지 내부 또는 그 인근에서 확보한 식물종을 사용하는 것이 바람직하다. 그러나 복원대상지 주변에서 식물소재를 구하기가 불가능한 경우에는 어쩔 수 없이 외부에서 묘목이나 종자를 반입하게 된다. 이때 환경조건이 상이한 곳이나 너무 멀리 떨어진 곳에서 들여온 식물종은 복원대상지 현장 환경에 적응하기 못하게 되는 경우도 있으며, 그 지역 식물을 교란시킬 수도 있는 가능성을 배제할 수 없다.

표.2.9 복원목표에 따른 종자종류(표준타입)와 도입가능지역의 기준(일본 사례)

목표	온량지수	지역 특성	주변식생	경사	원지반 상태	표준타입	수종명
자연 환경 중시형	45~65 (45이하 특수타입)	낙엽 활엽수 생육지	-	1:0.6보다 완만	-	한랭 낙엽형	• 주구성종: 자작나무/단풍나무/산벚나무/붉나무 • 보전종: 잡싸리/낭아초 • 초본종: 톨훼스큐/크리핑레드훼스큐
	65~85	낙엽 활엽수 생육지	낙엽수가 주체	1:0.6~0.8	-	낙엽형 I	• 주구성종: 쥐똥나무/찔레꽃/붉나무/보리수나무 • 보전종: 잡싸리/낭아초 • 초본종: 톨훼스큐/크리핑레드훼스큐
				1:0.8보다 완만	균열간격 20~50cm	낙엽형 II	• 주구성종: 벚나무/단풍나무/쥐똥나무/붉나무/보리수나무 • 보전종: 잡싸리/낭아초 • 초본종: 톨훼스큐/크리핑레드훼스큐
					균열간격 20cm 미만		
					토양경도 25mm 이상	낙엽형 III	• 주구성종: 졸참나무/단풍나무/산벚나무/붉나무/쥐똥나무/벚나무 • 보전종: 잡싸리/낭아초 • 초본종: 톨훼스큐/크리핑레드훼스큐
	85~180 (180 이상은 특수타입)	상록수 생육지	상록수가 주체 내륙부	1:0.6~0.8	-	상록 내륙형 I	• 주구성종: 광나무/찔레꽃/붉나무/보리수나무 • 보전종: 잡싸리/낭아초 • 초본종: 톨훼스큐/크리핑레드훼스큐
				1:0.8보다 완만	균열간격 20~50cm		
					균열간격 20cm 미만	상록 내륙형 II	• 주구성종: 동백나무/광나무/벚나무/붉나무/보리수나무 • 보전종: 잡싸리/낭아초 • 초본종: 톨훼스큐/크리핑레드훼스큐
					토양경도 25mm 이상		
					토양경도 25mm 미만	상록 내륙형 III	• 주구성종: 종가시나무/광나무/붉나무/보리수나무 • 보전종: 잡싸리/낭아초 • 초본종: 톨훼스큐/크리핑레드훼스큐
		상록수 생육지	상록수가 주체 해안인접부	1:0.6~0.8	-	상록 해안형 I	• 주구성종: 다정큼나무/광나무/붉나무/보리수나무 • 보전종: 잡싸리/낭아초 • 초본종: 톨훼스큐/크리핑레드훼스큐
				1:0.8보다 완만	균열간격 20~50cm		
					균열간격 20cm 미만	상록 해안형 II	• 주구성종: 다정큼나무/멀구슬나무/광나무/붉나무/보리수나무 • 보전종: 잡싸리/낭아초 • 초본종: 톨훼스큐/크리핑레드훼스큐
					토사		
경관 중시형	55~85 미만	-	한랭지형		-	화목형 I	• 주구성종: 무궁화나무/배롱나무/벚나무/쥐똥나무 • 보전종: 잡싸리/낭아초 • 초본종: 톨훼스큐/크리핑레드훼스큐
	85~180	-	온난지형	-	-	화목형 II	• 주구성종: 부용/배롱나무/동백나무/다정큼나무 • 보전종: 잡싸리/낭아초 • 초본종: 톨훼스큐/크리핑레드훼스큐

자생식물종을 식생복원녹화에 사용하기 위해서는 채취된 식물의 원산지, 채취 이력 등에 대한 관리가 반드시 필요하다. 국제 종자검증기관협회(Association of official seed certifying agency)에서는 식생복원이나 각종 훼손지 녹화에 사용하는 종자를 확인하는 기준을 가지고 있으며, 협회에서 검증한 항목별로 표식을 달아서 관리하고 있다.

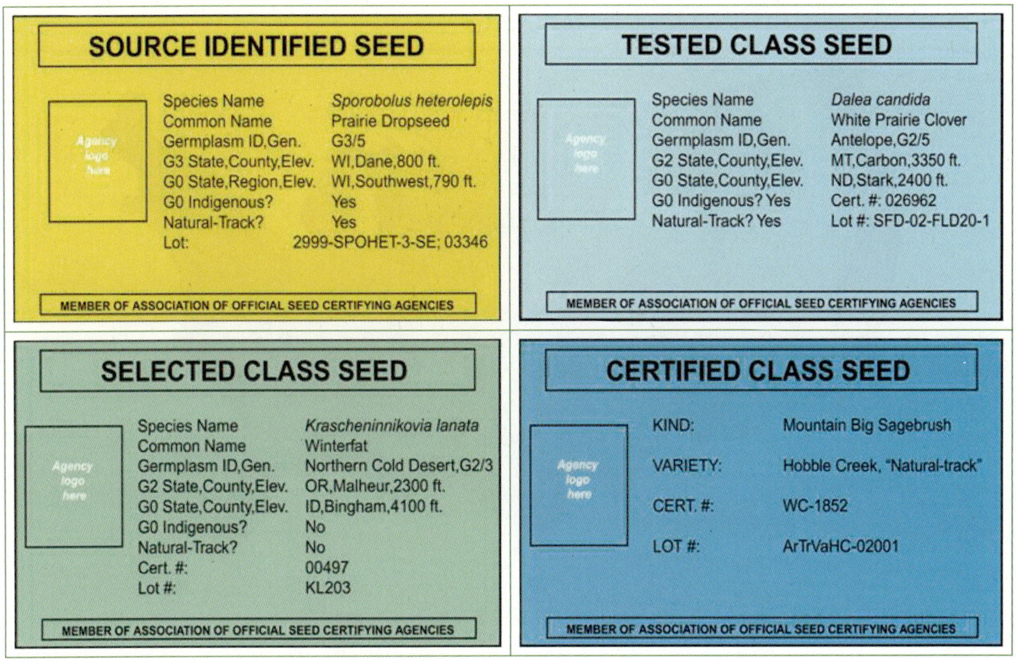

그림.2.20 AOSCA의 종자 검증 관리표

그러나 국내에서는 조림용이나 농업용 종자는 정부기관에서 전문적으로 관리를 하고 있지만, 식생복원녹화 등에 사용하는 식물이나 종자에 대해서는 관리 주체가 명확하지 않은 상태이므로, 이에 대한 보완책 마련이 필요하다.

식생복원녹화에 사용하는 식물종자의 원산지 및 품질 확인 과정도 중요하지만, 이들 종자를 어느 지역에 사용 가능한지에 대한 기준 수립도 필요하다. 외국에서는 생태적인 특성을 기준으로 한 구역(ecoregion boundary)을 구분하고, 식생복원을 하는데 있어서 종자이동 가능 구역(seed transfer zone)을 설정하여 동일한 생태구역 내에서는 자유롭게 식물소재를 식생복원에 활용할 수 있도록 하고 있으며, 구역을 벗어날 경우에는 신중하게 적용여부를 검토하도록 하고 있다.

우리나라에서도 산지 조림을 위한 수목식재 기준은 활용되고 있으나, 식생복원녹화를 목표로 한 구역 구분, 종자 이동 가능 구역 등에 대한 기준이 아직 정립되지 못한 실정이므로, 활용가능 식물종 소재에 대한 전문적인 자료의 확보가 시급하다고 하겠다.

일반적으로 복원대상 식물을 활용할 때 가급적 대상지 반경 20~30km 이내에서 확보한 식물을 사용하는 것이 환경 적응력도 높일 수 있으며, 유전적 변이도 배제할 수 있다고 알려져 있으나, 국내에서는 아직 실증 연구 자료가 부족하므로 적용 범위를 수치로 한정하기는 어렵고, 다각적인 연구를 통하여 현장에 맞는 기준을 수립하는 것이 필요하겠다.

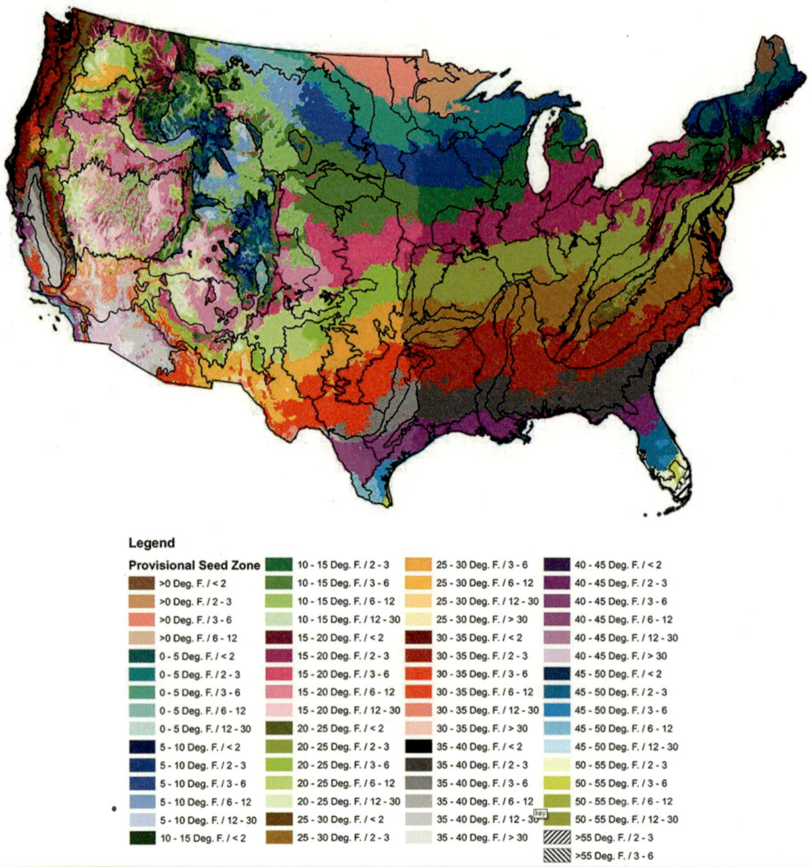

그림.2.21 미국의 종자이동 가능 구역도 사례(Bower 등, 2014)

국내에서도 자생식물을 이용한 식생복원녹화 연구에서 자생식물의 시식지역 분석을 바탕으로 한 적용 대상구역 선정을 위한 연구가 수행되고 있다. 다음 표는 DMZ 일원의 훼손지를 대상으로 한 식생복원 계획 수립에 있어서 자생 수목의 분포현황을 토대로 지역별 복원계획을 수립한 사례로서, 이와 같은 연구가 향후 식생복원 방향 수립에 기초자료로 활용될 수 있을 것이다.

표.2.10 DMZ 일원의 식생연구 자료를 기준으로 식생복원녹화 가능 식물종 선정

수종 구분		위치별 우점식생 현황			연구 대상 식물종 후보군 선정
		서부지역	중부내륙	동부산악	
교목층	가래나무	○	○	○	△
	갈참나무	○			○
	개암나무		○		●
	거제수나무	○	○	○	
	고로쇠나무		○	○	○
	굴참나무		○	○	△
	귀룽나무		○	○	△
	단풍나무	○		○	●
	당단풍나무	○			
	떡갈나무	○			△
	물박달나무			○	
	물오리나무	○	○		●
	물푸레나무	○	○		●
	보리수나무			○	△
	사스레나무		○	○	
	사시나무			○	
	산벚나무	○		○	●
	상수리나무	○		○	●
	소나무	○	○	○	●
	신갈나무	○	○	○	●
	신나무	○		○	●
	아까시나무	○		○	
	잣나무		○		
	졸참나무	○	○	○	●
	층층나무	○		○	●
	팥배나무		○		○
	피나무		○		
	황벽나무			○	△
아교목·관목층	개옻나무	○	○	○	●
	갯버들	○	○		△
	국수나무	○			●
	꼬리조팝나무		○		○
	노린재나무		○		△
	다릅나무	○			
	마가목		○		△
	버드나무		○	○	●
	붉나무	○	○	○	●
	산딸기	○			△
	산뽕나무	○	○		●
	산초나무	○	○		△
	싸리		○	○	●
	진달래	○	○	○	○
	철쭉			○	○
	키버들		○		△
	호랑버들			○	

[적용가능성: ● 매우 높음, ○ 높음, △ 보통]

* 자료 : 환경산업선진화기술개발사업(DMZ 일원 훼손지역의 자생종 활용 생태복원기술 개발 연구과제)의 결과를 요약한 것임

2.4 녹화 설계

식생복원녹화 계획을 수립할 때에는 사전 조사, 녹화목표 수립, 식물 선정, 식생기반 선정, 지형복원 및 안정화 계획 등의 내용을 검토하게 된다.

사전조사에서는 생태기반환경과 생태환경을 조사하고, 식생복원녹화 목표를 수립할 때에는 초기 목표와 중장기 목표를 선정한다. 그리고 녹화목표를 달성하기 위한 식물을 선정하고, 이들 식물이 잘 자랄 수 있는 식생기반을 선정한 이후에 녹화공법을 선정한다. 대부분의 현장에서는 사전에 설계되어 있는 녹화공법을 우선 고려하고, 이 녹화공법으로 할 수 있는 녹화 계획만을 고려하는 한계를 가지고 있다.

우리나라의 현실상 녹화대상지, 즉 비탈면이 조성되기 이전에 토질 조건에 따라서 단순히 녹화공법만을 설계에 반영해 놓는 경우가 대부분이다. 그리고 실제 비탈면이 조성된 이후 기존에 설계되어 있던 녹화공법을 적용하려고 하면 현장 여건이 맞지 않는 경우가 흔히 나타난다. 따라서 이전에 설계되어 있던 공법이라도 현장이 개설된 이후에는 현장 여건을 고려하여 식생복원 목표 및 시공방법의 적용성을 재검토해 보는 것이 필요하다.

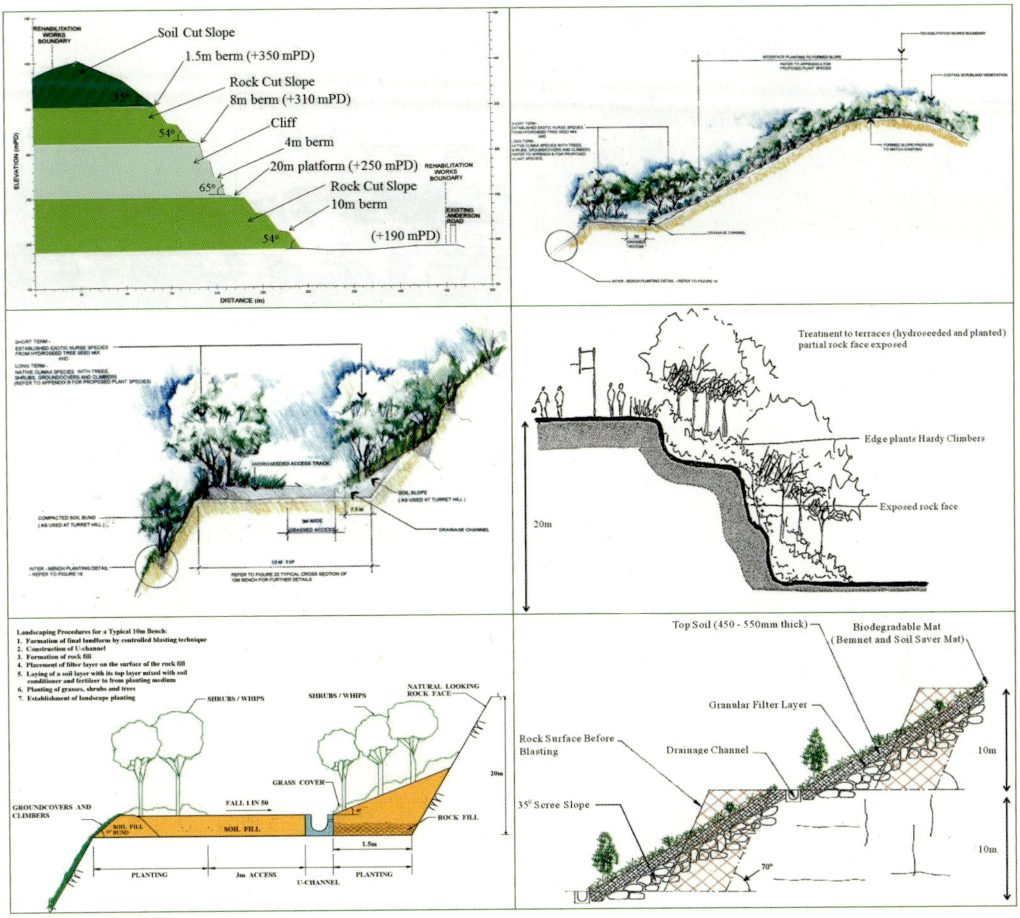

그림.2.22 식생복원을 고려하여 비탈면의 지형 및 식생기반을 개선한 사례

* 자료 : 김경훈 등(2010). Geotechnical Engineering Office(홍콩)의 사례를 토대로 수정함

녹화에 앞서서 훼손지나 비탈면의 안정화를 우선적으로 검토하여야 한다. 녹화는 비탈면이 안정화된 조건 하에서 식생을 도입하는 것이다. 녹화를 복원의 관점에서 볼 때는 훼손된 원지형을 복원시켜 주는 것이 원칙이지만 도로 개설 현장이나 각종 채석 · 채광지와 같이 원지형이 많이 변형된 곳에서는 복원의 관점으로 검토하는 것이 어렵다.

이와 같은 곳에서는 식생복원을 고려하여 식물이 정착하는데 가장 유리한 조건으로 비탈면의 지형을 개선해주는 것이 필요하다. 도로 비탈면이나 채석장의 경우 일정 간격으로 소단을 두어 식생 정착을 용이하게 하도록 하며, 이곳에 초본류뿐만 아니라 목본류가 정착될 수 있도록 충분한 식생기반을 조성해주는 방법을 적용하고 있다. 암반 비탈면이 노출된 곳에는 전면부를 녹화하기 곤란한 곳들이 있기 때문에 각종 덩굴식물을 도입하여 비탈면이 차폐되도록 한다.

그림.2.23 채석장에서 소단부 차폐식재 및 덩굴식물 식재 사례

지형복원 및 안정화 계획을 검토한 이후에 녹화목표에 따른 식생을 선정하게 된다. 녹화식물을 선정할 때에는 식생복원 목표에 따라서 주구성종과 보전종을 선정한다. 주구성종은 비탈면에서 대표가 되는 식생으로 중장기적으로 볼 때 목본류가 대표적으로 사용된다. 주구성종으로는 최종적으로(최소한 10년 이후) 어떤 식물종이 비탈면에 자리 잡고 자라게 될 것인가를 고려해서 선정한다. 보전종은 주구성종이 자리를 잡기 전에 대상지를 피복하고, 주구성종의 원활한 정착을 도울 수 있도록 하는 식물종이다. 따라서 주구성종과 보전종은 식생 피복 및 향후 식생군락 조성을 고려할 때 식물종 선정 및 비율 조정은 중요한 요소가 된다.

녹화는 적용한 식물은 지속적으로 동일하게 비탈면에 남아 있는 것이 아니라, 시간이 지나면서 주변에서 침입한 식물종, 그리고 내부 경쟁에 의해서 점차적으로 변하게 된다. 따라서 변화될 상황을 어느 정도 예측하고, 여기에 맞는 식물을 선정해야 하며, 또한 단계별(초기, 중기, 장기)로 어떻게 될 것인가를 고려하는 것이 바람직하다.

초기 생장이 빠른 식물종에는 주로 콩과식물이 있다. 콩과 식물은 스스로 공중 질소를 고정하는 능력이 있기 때문에 비탈면과 같은 척박지에서 초기 단계에 적용이 가능하다. 장기적인 관점에서 볼 때에는 초기에 도입한 식물 외에 또 다른 식물종이 우점하게 되는데, 지역에 따라서 차이는 있겠지만 우리나라의 특성상 활엽수 계통, 소나무 등이 대표적인 종이라고 볼 수 있다.

외래도입식물은 일반적으로 성장이 빨라서 초기 피복효과가 높고, 환경조건의 적응성이 높고, 시공시기의 제한을 적게 받기 때문에 시공 후 환경조건을 개선하는 용도로 활용이 가능하다. 특히 종자의 다량 입수가 용이하며, 발아 및 생육이 균일하며, 녹화계획의 실행 면에서 불확실성이 낮아 녹화에 유리하다. 그러나 여름철에 고사(한지형초종의 경우)하는 등 식생군락의 영속성이 낮고, 조기쇠퇴와 식생천이의 진행을 지연시키기도 하며, 일시에 나지화가 진행되는 경우도 있기 때문에 과다한 사용은 바람직하지 않다. 따라서 복원대상지의 환경특성, 기온, 강수량, 복원목표 등에 따라 종합적으로 검토하고 녹화대상 식물을 선정해야 한다.

녹화계획을 수립할 때에는 다양한 조건들을 검토해야 한다. 지형복원 및 안정화, 식생 선정, 잡초, 병충해 등의 항목들은 계획 수립단계에서 종합적으로 검토할 필요가 있다.

표.2.11 녹화에 관여하는 요소에 대한 검토 및 저감 방법 검토 사례

식물요소	매개변수	검토	저감 측정
1 수분 공급	강수	✓	관개, 깊은 경운, 멀칭, 고밀도 파종
	차단		배수로
	침투	✓	건조, 경운, 멀칭
	도로 배수		
2. 수분 저류 및 이용성	토성	✓	퇴비, 점토, 사질토
	암질		
	토양구조	✓	퇴비, 표층토, 토양개량
	뿌리 깊이	✓	깊은 경운, 퇴비
3. 수분 손실	습도	✓	멀칭, 표면 거칠기
	바람		
	방위		
	식생 경쟁		
	토양 피복	✓	멀칭, 깊은 파종
4. 영양물질 순환	기후	✓	
	표층토	✓	표층토 혼합, 인공적으로 표층토 형성
	유기물	✓	멀칭, 낙엽이나 나무 덮어줌, 퇴비, 시비
	질소와 탄소	✓	질소고정식물 적용, 표층토 처리, 시비, 퇴비
	영양염류	✓	표층토 처리, 시비, 퇴비
	pH 및 염도		
5. 표면 안정성	강수와 바람	✓	멀칭
	동결융해	✓	멀칭
	토양 피복	✓	멀칭
	토양 경도	✓	멀칭, 토양개량
	침투	✓	멀칭, 토양점착제
	비탈면 경사	✓	토양 경운, 건조, 퇴비
	표면 거칠기		
	비탈면 길이	✓	비탈면 길이 완화, 소단 조성
6. 비탈면 안정성	물 공급		
	수리 전도도		
	차단층		
	비탈면 길이		
	비탈면 경사		
	토양 및 근계의 강도		
7. 잡초	노출된 토양		
	잡초 번식	✓	잡초 방제 및 조절, 신속한 자생종 녹화
	자생종 번식		
	질소		
8. 병충해	포유류	✓	동물 기피제
	조류		
	곤충류		
	각종 병해		병충해 방제
9. 인간의 간섭	도로 유지관리		
	휴양적 이용		

* 자료 : David(2007) 자료를 토대로 수정함

자생식물을 활용하는 식생복원녹화를 위해서는 계획, 공사, 유지관리 및 모니터링의 3단계로 구분한 뒤 각각 필요한 항목을 점검하는 것이 바람직하다.

표.2.12 자생종 활용 식생복원녹화 단계별 체크리스트

<table>
<tr><th colspan="2">항목</th><th>체크리스트</th><th>세부 내용</th></tr>
<tr><td rowspan="13">계획</td><td rowspan="3">목표 수립</td><td>식생복원녹화를 위한 법적인 기준</td><td></td></tr>
<tr><td>대상지의 여건에 맞는 식생복원녹화 목표</td><td></td></tr>
<tr><td>자생식물 확보를 위한 시기 및 예산 배분</td><td></td></tr>
<tr><td rowspan="4">사전조사</td><td>침식이나 붕괴, 훼손의 위험성</td><td></td></tr>
<tr><td>비탈면의 구조적인 특성</td><td>위치, 경사, 방위, 요철, 절리 등</td></tr>
<tr><td>비탈면을 구성하고 있는 토질(암질) 조건</td><td>토성, 토양경도, 암질 등</td></tr>
<tr><td>대상지의 특수한 조건</td><td>인공지반, 숏크리트, 용출수, 산성배수, 염해, 풍화 상태 등</td></tr>
<tr><td rowspan="6">현지자원 확보</td><td>대상지 주변의 주요한 식생 군락 확인</td><td></td></tr>
<tr><td>훼손 예정지에서 이식하거나 보존해야할 식물 자원</td><td></td></tr>
<tr><td>사용가능한 식물 자원의 종류</td><td>종자, 묘목, 삽수 등</td></tr>
<tr><td>식물 자원의 현장 채취 및 개체 증식 가능 여부</td><td></td></tr>
<tr><td>현지 발생토의 적용 방법</td><td>표토, 심토 등</td></tr>
<tr><td>현지 재활용 자원의 적용 방법</td><td>수목뿌리, 가지, 전정물, 예초물 등</td></tr>
<tr><td rowspan="13">공사</td><td rowspan="3">공사 조건 검토</td><td>공사용 차량 및 인력의 접근성</td><td></td></tr>
<tr><td>공사 현장의 안전성 확보 및 환경 측면 검토</td><td></td></tr>
<tr><td>공사에 영향을 주는 제한요인</td><td></td></tr>
<tr><td rowspan="2">녹화 기초공사</td><td>원지형 복원 또는 식물 생육에 적합한 기반 조성 계획</td><td></td></tr>
<tr><td>안정성 확보를 위한 기초공사 방법</td><td></td></tr>
<tr><td rowspan="8">녹화공사</td><td>식생기반 조성 방법 검토</td><td></td></tr>
<tr><td>식생기반의 특성 분석</td><td>토양 이화학성, 환경기준 등</td></tr>
<tr><td>녹화 보조재료의 품질 기준</td><td></td></tr>
<tr><td>식생 도입 유형 및 세부 적용 방법 검토</td><td>유형-파종, 식재, 식생유도 등
방법-멀칭, 차광, 시비 등</td></tr>
<tr><td>사용할 종자, 묘목, 삽수 등의 품질</td><td>종자-원산지, 채취시기 및 위치, 입수, 순도, 발아율 등
묘목(초 · 목본)-크기, 형태, 활력도 등
삽수-크기, 형태, 활력도 등
뗏장-크기, 형태</td></tr>
<tr><td>식생 적용 공사방법 검토</td><td>인력 작업, 기계 시공 등</td></tr>
<tr><td>시공품질 검측 기준 수립</td><td>두께, 면적, 수량 등</td></tr>
<tr><td>시공현장 관리 기준 수립</td><td>멀칭, 관수, 시비, 제초, 병충해관리 등</td></tr>
<tr><td rowspan="5">관리</td><td rowspan="2">식생 유지관리</td><td>유지관리시 점검 기준 수립</td><td>시기, 방법</td></tr>
<tr><td>유지관리 담당자 선정</td><td></td></tr>
<tr><td rowspan="3">모니터링</td><td>모니터링 기준 수립</td><td>시기, 방법</td></tr>
<tr><td>모니터링 담당자 선정</td><td></td></tr>
<tr><td>향후 프로젝트에 개선할 사항 도출</td><td></td></tr>
</table>

Chapter

3

식생복원녹화 재료

3. 식생복원녹화 재료

3.1 식물 재료

식생복원녹화 공사에서는 우선 녹화공사 대상지의 각종 환경조건에 적합한 녹화용 식물종을 선정하는 일이 중요하며, 비탈면이나 훼손지의 안정성이 확보된 곳에서 파종 및 식재한 식물이 건전하게 생육할 수 있도록 식물 생육기반이 잘 조성되어야 하며, 녹화공사 이후에 필요한 유지관리방법이 잘 계획되어야 한다.

최근에 와서는 녹화 대상지가 다양화되고, 환경의 변화에 따라서 식물의 생육조건은 더욱 열악한 상태에 놓이게 되었다. 따라서 녹화 대상지에서 식생기반의 정비와 녹화용 식물의 선택은 비탈면 녹화의 성공여부를 결정하는 중요한 요소가 된다.

일반적으로 어떤 지역을 많이 점유하는 식물의 전체를 식생이라 한다. 식생은 어느 지역의 식물 전체를 막연히 표현하는 것으로 식물군락과는 구분하여 사용한다. 식생에 의한 녹화를 계획할 때에는 먼저 자생식물 또는 재래식물, 향토식물, 도입식물 등에 대한 검토가 필요하다.

식물의 선택에 있어서는 우선 시공지의 여러 가지 환경요인에 대한 적응성과 식물의 생육특성, 발아, 생육 등의 제반 성질을 충분히 조사해야 한다. 특히 내한성이 강한 식물, 형태적으로 근계 신장이 좋은 식물, 토양보전효과가 높은 식물 등과 같은 특징을 잘 파악하여야 한다.

식물이 토양보전 및 녹화효과를 달성하기 위해서는 식물의 제반 적응성에 대한 이해와 형태적, 기계적인 보전효과가 높은 종류를 선택하여야 한다. 녹화용 식물이 가져야할 조건을 정리하면 다음과 같다.

녹화용 식물의 특징

- 초장이 너무 길지 않으며, 지표면을 빠르게 피복하면서 다년생이어야 함
- 필요량의 종자와 묘목이 녹화계획에 부합되도록 적기에 대량으로 입수할 수 있어야 하며, 보관이 용이하고, 가격이 적당하여야 함
- 종자파종이 가능한 시기의 폭이 넓어야 하고, 종자의 발아력이 우수하여야 함
- 생육이 왕성하면서 뿌리가 깊게 발달되고 토양과의 고착성이 좋아야 함
- 열악한 토양에 견디는 힘이 강해야 함(내건성, 내한성, 내염성, 내침식성, 내척성 등)
- 기초식재용, 비료용, 장기녹화용 등 사용하고자 하는 식물의 특성이 명확하여야 함
- 가급적 자생종이어서 주변경관과의 조화를 이룰 수 있어야 함

비탈면이나 훼손지의 식생복원녹화를 수행할 때에는 다양한 식물종을 사용한다. 국내에서는 20~30종의 식물이 녹화공사에 사용되고 있으며, 자생종과 외래종이 혼용되고 있다. 녹화에 일반적으로 사용하고 있는 식물종은 다음과 같다.

표.3.1 비탈면 녹화용 자생식물 특성(현장적용성 : ◉ - 높음, ○ - 보통, △ - 낮음)

식물	특징	녹화용 특성				현장적용성			사진
		개화 시기	파종량 (g/㎡)	수고 (m)	립수 (립/g)	양분 요구도	내건성	내한성	
소나무 *Pinus densiflora*	• 자연 암반비탈에 출현빈도가 가장 높음 • 조경적 가치는 월등한 반면, 초기생장이 느림 • 천연하종갱신이 잘 일어남 • 소나무순림지역이 아니면 인위적인 파종을 요구함 • 기건 저장한 종자 1개월 노천 매장 후 파종	5~6	2~3	10~20	30	○	◉	○	
자귀나무 *Albizia julibrissin*	• 낙엽활엽 소교목 • 양수이지만 습기가 있고 부식질 많은 토양에서 잘 자람 • 꽃이 아름다워 경관용으로 적합 • 종자번식이 용이함	6~7	2~3	3~5	35	△	○	○	
자작나무 *Betula platyphylla* var. *japonica*	• 낙엽활엽 교목 • 산지 구름지역에 적합 • 묘목식재로 적용 • 산불지역, 탄광지역에 적용	4~5	1~2	20~25	3,000	○	○	◉	

식물	특징	녹화용 특성				현장적용성			사진
		개화 시기	파종량 (g/㎡)	수고 (m)	립수 (립/g)	양분 요구도	내건성	내한성	
붉나무 *Rhus javanica*	• 낙엽활엽 소교목 • 바위틈에서 자라는 개척 수종임 • 천근성 뿌리 • 단풍이 아름다움 • 파종으로 번식이 용이함	7~9	2~3	5~7	150	○	○	○	
병꽃나무 *Weigela subsessilis*	• 낙엽활엽 관목 • 환경 녹화면에서 특징은 개나리와 비슷함 • 종자가 작고 채취가 어려움 • 비탈녹화용이나 각종 훼손지 녹화용 목본으로 이용가치가 높음	4~5	2~3	2~3	500	△	○	◉	
개쉬땅나무 *Sorbaria sorbifolia* var. *stellipila*	• 낙엽활엽 관목 • 산골짜기나 냇가에 군상으로 자람 • 뿌리가 땅속줄기처럼 뻗음 • 종자파종과 삽목으로 번식	6~8	1~2	1~3	5,000	○	△	◉	
참싸리 *Lespedeza cyrtobotrya*	• 콩과의 관목 • 뿌리가 길게 뻗어 토양보전 능력이 높음 • 척박지에서 생육이 가능하고 암이 많은 지역에서도 생육이 가능 • 초본과 혼용하여 자연상태의 경관으로 조기에 회복시키는데 이용됨 • 박피 등 종자처리로 발아력을 높여야 함	7~8	2~3	1~2	150	△	◉	◉	
낭아초 *Indigofera pseudotinctoria*	• 낙엽관목 • 척박지 생육이 우수, 양지에 적합 • 내염성이 우수함 • 녹화용으로 싸리 등과 같이 관목층 형성 효과가 매우 높음	7~8	2~3	1~2	200	△	◉	△	
보리수나무 *Elaeagnus umbellata*	• 낙엽활엽 관목 • 종자파종 및 삽목으로 번식 • 조경용, 생울타리 차폐식재용 • 꽃은 밀원식물로 이용	5~6	2~3	3~4	80	△	◉	○	
층꽃나무 *Caryopteris incana*	• 낙엽활엽 관목 • 양지의 비탈면 또는 바위곁에서 생육 • 종자 파종하여 녹화에 이용 • 관상용으로 가치가 높음	7~9	3~5	0.3~0.8	1,000	△	△	△	
물오리나무 *Alnus sibinica*	• 생육속도가 빠름 • 공중질소를 고정시키는 효과가 있음 • 종자 파종이나 묘목 식재에 의해서 척박지 녹화용으로 사용함 • 초기 생장속도가 빨라 조기 피복이 가능함	3~4	1~2	5~8	1,000	△	◉	○	
개옻나무 *Rhus trichocarpa*	• 낙엽활엽 교목 • 가을단풍이 아름다움 • 산야에서 자라는 수종으로 붉나무와 유사 • 가을 종자 채취 후 노천매장 후에 파종함 • 비옥한 토양을 선호함	5~7	2~3	3~6	120	○	○	○	
붓꽃 *Iris sanguinea*	• 다년생 초본 • 산기슭이나 건조한 곳을 선호함 • 약간 습한 곳에도 비교적 잘 자람 • 땅쏙 줄기가 옆으로 뻗음	4~5	3~5	30~60	60	○	△	○	
구절초 *Dendranthema zawadskii* var. *latilobum*	• 숙근성 다년생 초본 • 높은 지대의 능선부위에 군락 형성 • 배수가 잘되는 곳에 양지에 적합 • 종자파종 또는 삽목으로 번식	7~10	2~3	30~70	1,900	○	○	◉	
벌개미취 *Aster koraiensis*	• 다년생 초본 • 양지에 습기가 충분한 계곡에 잘 자람 • 건조 지역에서도 비교적 잘 자람 • 배수가 좋고 부식질이 많은 사질양호 선호	5~9	3~5	50~70	700	△	○	△	

식물	특징	녹화용 특성				현장적용성			사진
		개화시기	파종량 (g/㎡)	수고 (m)	립수 (립/g)	양분요구도	내건성	내한성	
쑥부쟁이 *Aster yomena*	• 다년생 초본 • 양지바른 곳, 건조지나 척박지에 적용 • 종자파종, 포기나누기, 삽목으로 번식	7~10	3~5	30~100	1,700	⊙	○	△	
산국 *Dendranthema boreale*	• 다년생 초본 • 토양을 가리지 않으나 비옥하고 배수가 잘되는 양지바른 곳에 적합 • 뿌리 발달이 우수해 지표안정에 도움됨 • 가을철 경관이 우수	9~11	2~3	50~100	9,000	○	⊙	⊙	
갈대 *Phragmites communis*	• 다년생 초본 • 물가에 군생, 번식력이 강함 • 발아율이 낮아 식재로 번식	9~11	1~2	100~300	2,000	○	△	○	
억새 *Miscanthus sinensis* var. *purpurascens*	• 다년생 초본 • 산지나 평지 초원에서 잘 자람 • 발아율이 낮아 식재로 번식 • 뿌리가 잘 발달하여 비탈면에서 침식억지력이 우수함	9~11	1~2	100~200	2,300	○	○	⊙	
수크령 *Pennisetum alopecuroides*	• 다년생 초본 • 길가나 황무지 양지쪽에 자람 • 종자파종 및 분주로 번식, 이식도 용이함	8~10	3~5	30~80	170	△	○	○	
꽃향유 *Elsholtzia splendens*	• 다년생 초본 • 약간 건조한 자갈밭에 잘 자람 • 종자파종 용이 • 방향성 식물	8~10	1~2	30~80	2,000	○	○	○	
쑥 *Artemisia princeps*	• 다년생 초본 • 전국에 분포함 • 생장력이 강하므로 혼파시 의 • 뿌리가 잘 발달하여 침식방지 효과 높음	7~8	1~2	60~120	3,500	○	○	⊙	
과꽃 *Callistephus chinensis*	• 1년생 초본 • 배수가 잘되고 약간이 석회질이 있는 알칼리성 양토에서 잘 자람 • 양성 식물로 종자파종 및 이식 용이 • 많은 원예품종이 있음	7~9	3~5	50~100	680	△	○	⊙	
민들레 *Taraxacum platycarpum*	• 다년생 초본 • 토양의 가리지 않고, 양지에서 잘 자람 • 서양민들레가 사용되는 경우가 많음	4~6	3~5	20~30	1,000	△	⊙	○	
비수리 *Lespedeza cuneata*	• 다녕생 초본 또는 초본성 아관목 • 건조하고 척박한 곳에 잘 생육 • 종자파종 용이	5~9	2~3	60~100	700	△	○	○	
벌노랑이 *Lotus corniculatus* var. *japonica*	• 다년생 초본 • 토양을 가리지 않음(콩과) • 양지성 식물 • 답압에 견디는 힘이 있음 • 서양벌노랑이가 사용되는 경우가 많음	5~8	1~2	30~50	650	△	○	○	
마타리 *Patrinia scabiosaefolia*	• 다년생 초본 • 전국의 산야 양지에 자생 • 건조하고 척박한 지역에 잘 생육	7~9	3~5	60~150	970	○	⊙	○	
패랭이꽃 *Dianthus chinensis* var. *chinensis*	• 다년생 초본 • 건조한 곳, 양지바른 곳에 잘 생육 • 종자파종, 삽목으로 번식 • 잎, 끝이 갈라지는 술패랭이꽃이 있음	6~8	2~3	30~60	2,000	○	⊙	○	

표.3.2 비탈면 녹화용 외래(귀화) 식물 특성 (현장적용성 : ⊙ - 높음, ○ - 보통, △ - 낮음)

식물	특징	녹화용 특성				현장적용성			사진
		개화 시기	파종량 (g/㎡)	수고 (m)	립수 (립/g)	양분 요구도	내건성	내한성	
수레국화 *Centaurea cyanus*	• 1~2년생 초본 • 건조지역에 잘 자람 • 꽃 색이 다양함(청색, 적색 등)	5~6	2~3	30~80	200	△	○	○	
끈끈이대나물 *Silene armeria*	• 1~2년생 초본 • 건조지, 척박지에 적용 가능 • 내염성이 높음	6~8	2~3	40~60	5,000	○	○	○	
금계국 *Coreopsis drumondii*	• 1~2년생 초본 • 건조, 척박지에 잘 생육 • 종자파종 또는 식재	6~8	3~5	30~60	300	○	○	○	
달맞이꽃 *Oenothera biennis*	• 2년생 초본 • 길가, 묵밭, 비탈면에 적합 • 관상용이며, 종자는 약으로 사용 • 근엽은 로제트형으로 자람	7~9	2~3	80~120	2,100	○	○	○	
자주개자리 (알팔파) *Medicago sativa*	• 다년생 초본 • 목초로 이용 • 건조지에서 초기 피복력이 우수함	8~10	4~5	30~90	300	△	○	○	
자운영 *Astragalus sinicus*	• 2년생 초본 • 종자파종이 용이하며, 지피 피복 속도가 빠름 • 녹비로 활용 가능	5~6	1~2	10~30	300	△	○	△	
Kentucky bluegrass *Poa pratensis*	• 한지형 초종 • 부드러운 잎의 특징을 가지고 있음 • 초기 조성속도가 다소 늦지만 정착이 되면 비탈면 식생피복에 효과적	6~7	1~5	60~90	3,000	△	○	⊙	
Creeping redfescue *Festuca rubra*	• 한지형 초종 • 내한성이 우수하여 한랭지역에 적용 가능함 • 북향 비탈면에 많이 사용 • 잎이 가늘어서 경관상 부담감이 적음	4~5	2~5	30~60	700	△	△	⊙	
Tall fescue *Festuca arundinancea*	• 한지형 초종 • 건조하고 척박한 곳에 잘 생육함 • 정착하면 피복효과는 높지만, 엽폭이 넓어서 부담감을 줄 수 있음	6~8	2~5	40~180	500	○	○	⊙	
Perennial ryregrass *Lolium perenne*	• 한지형 초종 • 다른 종과의 혼파에 많이 이용 • 초기 생육속도가 매우 빨라서 1차 식생조성용으로 활용 가능	6~9	2~5	30~60	500	○	△	○	
Orchard grass *Dactylis glomerata*	• 한지형 초종 • 사방녹화용 및 목초용으로 많이 사용 • 조기조성 속도는 빠르지 않으나, 부드러운 질감의 초본층 형성	5~7	2~5	40~80	1,000	○	△	○	
Weeping lovegrass *Eragrostis curvula*	• 난지형 초종 • 건조지 사방녹화용으로 많이 사용 • 남향 비탈면에 적합함	6~7	1~2	80~100	3,000	△	⊙	△	
Bermuda grass *Cynodon dactylon*	• 난지형 초종 • 따뜻한 남쪽지방에 잘 생육함 • 포복경으로 옆으로 뻗어나감	6~8	1~3	20~40	3,500	○	⊙	△	

비탈면에 식물이 뿌리를 직접 내릴 수 있는 조건에서는 식물을 직접 파종하거나 식재하는 것이 가능하다. 그러나 붕괴나 낙석의 위험성이 없는 급경사 암반 비탈면 등에는 직접 식생도입이 어렵기 때문에 차폐식재 등의 목적으로 덩굴식물을 사용하는 경우가 있는데 대표적인 식물로는 등나무와 담쟁이덩굴이 있다.

표.3.3 비탈면 녹화공사에 사용 가능한 주요 덩굴식물의 종류와 특성

식물	특징	현장 적용 방안
담쟁이덩굴 *Parthenocissus tricuspidata*	• 종자 파종, 줄기부분 식재 • 점토함량이 낮은 척박한 토양에서는 생장률이 낮음	• 다른 수종과 지상부 생육공간에 대하여 생육경쟁을 함 • 흡착반을 이용하여 암비탈이나 건축물 벽면을 타고 올라감 • 파종당년에 길이 1.5m. 너비 80㎝까지 자람
등나무 *Wisteria floribunda*	• 묘목 식재 • 비교적 비옥한 토양을 선호함 • 꽃이 피면 경관이 아름다움	• 비탈면 하단부에 식재할 때 덩굴이 감고 올라갈 수 있는 유인줄 설치가 필요함

표.3.4 수목 식재에 의한 식생복원녹화 방법

<table>
<tr><th colspan="2">종류</th><th>특징</th><th>비고</th></tr>
<tr><td rowspan="5">식물 식재</td><td>차폐수벽</td><td>암석을 채굴하고 깎아낸 암비탈면이나 채석장 또는 절개 비탈면 등과 같이 훼손지 비탈 모습이 직접 보이지 않게 비탈면 하단의 앞쪽에 나무를 2~3열로 식재하여 수벽을 조성하는 공법</td><td></td></tr>
<tr><td>덩굴식물 식재</td><td>일반 식생의 도입이 불가능한 암절개지 및 채석장 등에 덩굴식물을 이용하여 차폐녹화를 도모하는 방법</td><td></td></tr>
<tr><td>소단상 객토 식재</td><td>암석을 채굴하고 깎아낸 대규모 암반비탈의 소단 위에 객토와 시비를 한 후 녹화용 묘목을 식재하여 수평선상으로 녹화하는 공법</td><td></td></tr>
<tr><td>새집붙이기</td><td>암석을 채굴하고 깎아낸 요철이 많은 암절개 비탈면에 점적 식생녹화 및 식생경관 조성을 목적으로 적용하는 공법</td><td></td></tr>
<tr><td>나무심기</td><td>비탈면이나 소단에 직접 묘목을 식재하여 황폐산지에 식생과 숲을 조성함으로써 붕괴방지기능을 높임</td><td>유묘심기, 대묘심기, 용기묘심기 등</td></tr>
<tr><td rowspan="2">식생 개량</td><td>숲가꾸기</td><td>인공조림지나 천연림이 건강하고 우량하게 자랄 수 있도록 숲을 가꾸고 키우는 작업</td><td>풀베기, 덩굴제거, 어린나무가꾸기, 천연림가꾸기, 가지치기 등</td></tr>
<tr><td>간벌</td><td>숲을 가꾸는 방법 중의 하나로 나무들을 솎아내어 나무 상호간의 경쟁을 완화시키고 생육공간을 만들어주는 방법</td><td>상층간벌, 하층간벌, 택벌식 간벌, 기계적 간벌, 도태간벌 등</td></tr>
</table>

식생복원녹화에 사용하는 식물은 초본, 목본, 덩굴성 식물 등 매우 다양하다. 초본류는 초기 성장이 빠르고, 목본류는 초기 성장은 초본류에 비해 느리지만 뿌리층이 발달하여 표층 안정에 도움을 준다. 또한 경관을 증진시킬 목적으로 꽃이 피는 야생화류를 이용하기도 한다.

일반적으로 녹화에 사용하는 초본류와 목본류 발아 및 생육 특성은 다음과 같다.

표.3.5 초본류와 목본류의 발아생육특성 비교

항목		초본류	목본류
발아 특성	발아율	일반적으로 높음 (80~90%)	일반적으로 낮음 (20~60%)
	발아세	1~2주에 발아	수개월이 걸리기도 함
	발아상	복토두께가 작으며, 2~3주 정도 식생기반층 침식을 방지해주어야 함	일정 복토두께가 필요하며, 장기간 식생기반층 침식을 방지해주어야 함
생육 특성	토양경도 (지수)	27mm 이하	25mm 이하
	경사	60° 보다 완경사에 적용	45° 보다 완경사에 적용
	비료의 효과	높음	낮음
	생장	초기생장이 빠르지만 장기적으로는 식생의 영속성이 낮음	초기생장이 느린 반면 장기적으로는 바람직함
	생육고	낮음 지피에 낮게 피복됨	높음 다층구조의 수림화 조성 가능
	뿌리깊이	얕음 근계층에 의한 토양고정능력이 낮음	깊음 근계층에 의한 토양고정능력이 높음
	생육	초기 피복에 유리함 밀생할 경우 일시에 고사할 수 있음	연차적으로 나타나고 장기적인 식생피복에 유리함 초기단계에는 초본류에 피압될 수 있음

초본류와 목본류는 각각 다른 특징을 가지고 있으며, 상호 보완적인 장단점을 가지고 있다. 조기 피복이 필요한 비탈면의 경우 초본류 위주로 배합하고, 표층부 안정이 필요한 경우 목본류를 배합하는 것이 좋다. 결국 비탈면의 특성 및 식생복원녹화의 목표에 따라서 이들 식물종을 적절히 배합하여 사용하는 것이 바람직하다.

과거 사방사업이나 녹화공사에서는 주변에서 직접 종자를 따서 이를 이용하기도 하였다. 그러나 인건비 상승 등의 이유로 종자채취가 곤란해지면서 대부분 종자를 구매해서 사용하고 있다. 종자는 전문업체를 통해서 구매하는데, 이들 종자는 국내에서 확보가 어려워서 대부분 수입에 의존하고 있는 현실이다. 수입 종자의 자세한 현황은 식물검역과 관련된 통계자료를 통해서 파악할 수 있다.

종자는 살아있는 생명체이므로 발아에 적합한 시기가 있으며, 범용적으로 사용하는 종자도 종자 채취 이후 시간이 지나면서 종자의 활력도가 점진적으로 떨어질 수밖에 없다. 그래서 현장에 시공을 해 보면 봄철에 시공한 곳과 여름철, 가을철에 시공한 곳에서 녹화품질의 차이가 나타나게 된다. 녹화공사의 효과를 고려할때 우리나라에서는 봄철에 시공하는 것이 가장 적기인 것으로 판단되며, 여기에는 전년도에 채종한 종자의 활력도가 많이 낮아지지 않은 시기인 것도 복합적으로 작용하고 있다.

최근 생태적으로 민감한 지역(국립공원, 백두대간보호구역, DMZ 일원 등)의 식생복원녹화 계획을 수립하는 경우에 외부에서 가져온 종자를 사용하지 않고, 현지에서 채취한 자생종을 이용한 식생복원녹화 공사의 필요성이 대두되고 있다. 이들 지역에서는 외부에서 반입한 종자의 경우 채취 이력 등이 확실하지 않기 때문에 대규모로 적용할 경우 생태적으로 문제가 될 수도 있다.

녹화대상지 주변에서 종자를 채취해서 사용하는 것은 생태적인 관점에서 매우 중요하다. 현지에서 채취한 종자는 녹화 이후 식생 교란이 적고 또 그 곳에 이미 적응되어 있는 것을 사용하기 때문에 장기적으로는 유지관리 측면에서도 유리할 수 있다.

현지채취 종자는 녹화공사가 시행되기 이전에 채취하여야 한다. 당년에 채취하여 바로 시공하는 것은 공사 현장에서 종자 확보 시기가 맞지 않을 경우가 있고, 또한 종자 특성상 겨울철이 지나야 발아가 잘 되는 식물종들도 있기 때문에 매우 어려운 일이다. 또한 많은 양의 종자를 채취하였더라도 장기간 보관을 하였다가 현장에 적용하는 경우가 대부분이므로 현장 적용성에 대한 검토가 필요하기 때문에 사전 준비단계가 반드시 필요하다.

현지의 자생종자를 녹화공사에 이용하기 위해서는 최소한 2~3년 전부터 준비를 해야 한다. 그리고 채취된 종자의 보관 및 대량으로 시공하였을 경우 현지 적응성도 검토 대상이 된다. 야생종자의 채집하여 활용하는 경우는 다음 그림에서와 같이 사전에 충분한 기간과 준비가 필요하다.

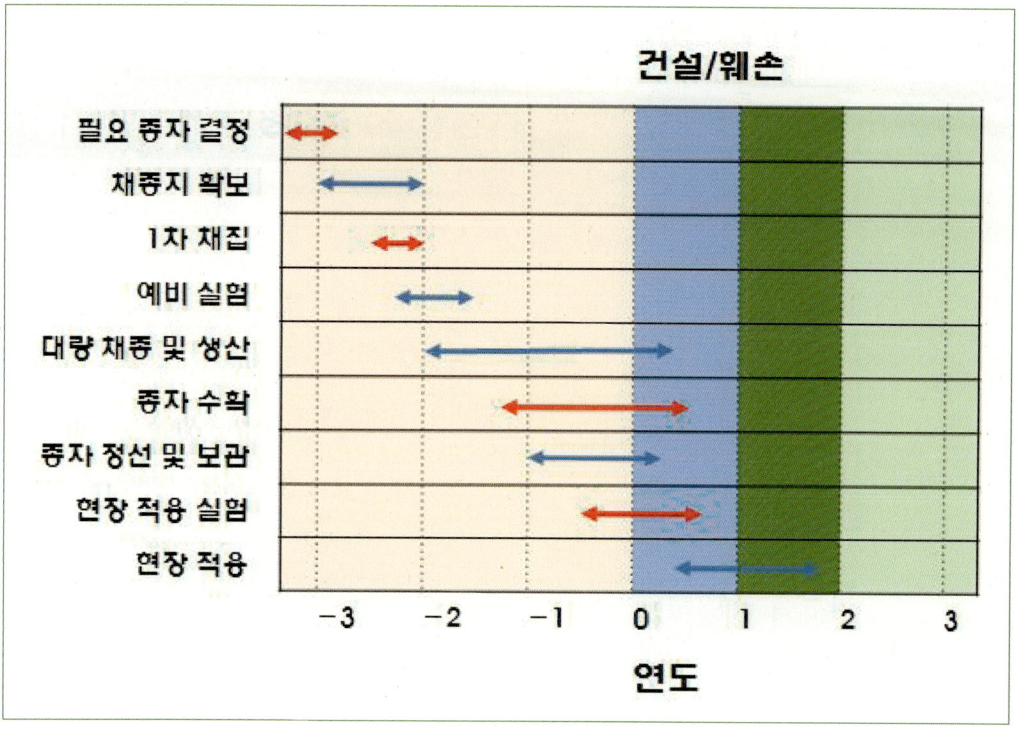

그림.3.1 야생종자의 채집 및 활용을 위한 사전 준비 과정

현지의 자생식물 종자를 채취해서 녹화공사에 적용하기에는 오랜 기간의 준비작업이 필요하다. 녹화공사에 필요한 종자를 결정한 이후 채종지 확보 및 1차 채집을 통하여 생산 및 채종 계획을 확정하고 실행한다. 대량으로 채종이 어려운 경우는 개체 증식을 통해서 묘포장에서 종자를 대량생산 하여야 하므로 준비기간이 더 필요하게 된다. 이후 채종된 종자를 현장에 대규모로 적용하기 위한 현장적용실험을 거쳐서 본 녹화공사에 적용하게 되는데 녹화공사에 적용할 종자를 대상으로 발아율, 순도, 수확율 등을 고려하여 필요한 수량을 미리 정하게 된다.

표.3.6 우리나라 중부지방 녹화용 목본식물의 종자채취 시기 및 방법

수종구분			종자채취		
			결실주기	채취시기	채취방법
교목층	자작나무과	개암나무	격년	10월	따모으기
	단풍나무과	고로쇠나무		10월	가위채취
	단풍나무과	단풍나무		10월	따모으기
	자작나무과	물오리나무	매년/격년	10월	훑어따기
	물푸레나무과	물푸레나무		9월	가위채취
	장미과	산벚나무		6~7월	따모으기
	참나무과	상수리나무	2~3년	10월	훑어따기, 주워모으기
	소나무과	소나무	격년	9~10월	따모으기
	참나무과	신갈나무	2~3년	9월	훑어따기, 주워모으기
	단풍나무과	신나무		9월	따모으기
	참나무과	졸참나무	2~3년	9~10월	훑어따기, 주워모으기
	층층나무과	층층나무		9~10월	장대따기
	장미과	팥배나무		9~10월	장대따기
참나무과	옻나무과	개옻나무		10월	따모으기
	장미과	국수나무		8~9월	따모으기
	장미과	개쉬땅나무		9~10월	훑어따기
	장미과	꼬리조팝나무		9월	따모으기
	버드나무과	버드나무	매년	5월	따모으기
	옻나무과	붉나무		10월	훑어따기
	뽕나무과	산뽕나무		6월	따모으기
	콩과	싸리		10월	송이따기
	진달래과	진달래		10월	따모으기
	진달래과	철쭉		10월	따모으기

표.3.7 종자의 일반적인 저장 방법

항목	보관 방법
건조저장	• 종자의 함수량이 5~10%가 되도록 말려서 자장하는 방법 • 이듬해 봄에 파종할 종자는 포대나 가마니, 양파자루에 넣어 공기가 잘 통하고 습기가 없는 건조한 창고에 매달아 두거나 선반에 쌓는 방법(소나무, 곰솔, 오리나무, 자작나무 등)
습사저온저장 (냉습적법)	• 밤, 도토리, 호두, 은행 등과 같이 전분 또는 단백질이 많은 대립종자는 함수율이 35% 이하로 떨어지면 발아력이 상실되므로 정선된 종자를 젖은 모래에 섞어 건조하지 않고 얼지 않도록 노천 매장을 하거나 저온으로 저장(1~2℃)하는 방법
건사저장 (보호저장)	• 종자를 파종하기 전에 마른 모래와 종자를 2:1의 비율로 섞어 종자를 건조하지 않도록 실내 또는 창고 등에 보관하는 방법
밀봉건조	• 낙엽송, 포플러류 등의 종자를 수분 5% 내외로 건조시켜 유리병이나 양철통에 황화칼륨 같은 종자 활력제와 실리카겔 같은 건조제를 종자와 함께 넣고 밀봉시켜 2~4℃의 낮은 온도로 저장
층적법	• 종자를 매장시 종자와 축축한 모래를 층층으로 넣어서 마르지 않게 저장하는 방법
노천매장	• 습사저온자장과 같이 건조하면 발아력이 떨어지거나 변온처리를 해야 발아되는 종자의 저장 및 발아 촉진 방법으로 채집하여 정선한 종자를 땅 속에 묻어 두었다가 파종하는 방법

그림.3.2 현지 채집 종자의 건조 및 정선 과정

또한 시공시기와도 연관이 있는데 계절적인 요인을 고려하여 어떤 식물종을 활용할 것인지도 사전에 충분한 검토가 이루어져야 한다. 예를 들면 봄철에 종자 파종을 할 경우 여름철과 가을철에 개화하는 식물종을 위주로 배합하고, 가을철에 파종할 경우에는 초기 피복을 위하여 한지형 초본을 일부 배합하고 이듬해에 각각 성장 특성을 고려하여 다년초를 혼합하여 배합하는 것이 바람직하다. 따라서 시공계획에 맞추어서 필요한 종자를 미리 확보하는 것이 바람직하다.

대규모 공사에서는 종자를 파종하여 녹화하는 방법이 일반적이지만 특수한 목적을 위해서 야생풀포기를 채취해서 이식하거나 수목을 식재하는 방법도 있다. 야생풀포기 이식방법은 식생복원 효과면에서 조기에 녹화효과를 낼 수 있기는 하지만, 채취 장소의 식생을 교란시킨다는 문제점이 있으므로 가능한 경우에만 시행하도록 한다.

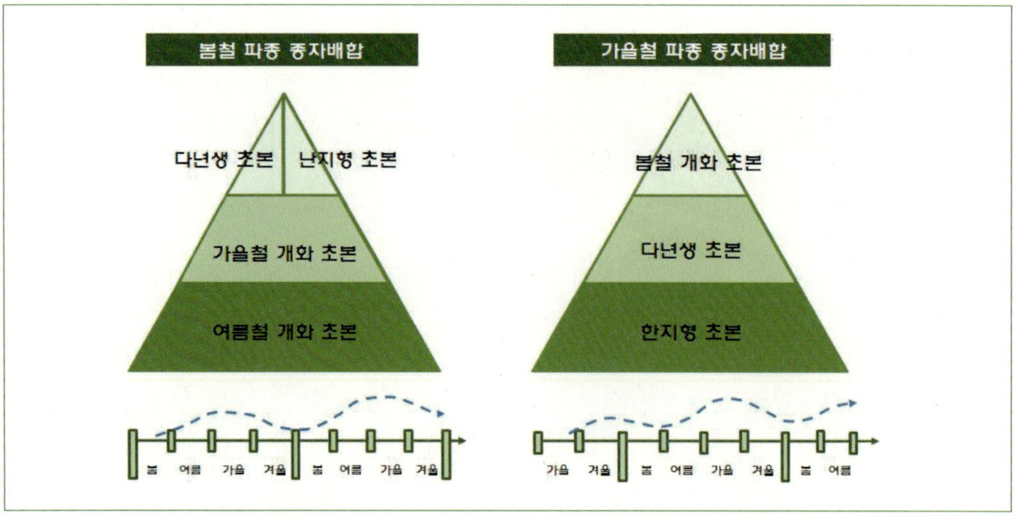

그림.3.3 계절별 종자배합 개념

일반적으로 목본류는 초본류보다 초기 생장이 느리기 때문에 같이 파종할 경우 초본류에 피압되는 현상이 나타난다. 그리고 목본류들은 참싸리나 낭아초 등의 콩과 선구식물을 제외하고는 대부분 천이단계의 중후기 목표종인 경우가 많기 때문에 선구종 위주로 선정 · 배합된 녹화용 식물과는 같은 시기와 공간에서 공존하기가 어려운 점도 있다.

그러나 수목은 한번 자리를 잡게 되면 생육하는 면적이 넓기 때문에 초본류에 비해 많은 수가 필요하지 않으며, 일반적으로 1주/4~8㎡ 정도면 비탈면 녹화에 충분하다고 보고 있다. 일반적으로 키가 큰 수목을 식재하면 초기 경관은 좋을지 몰라도 집중강우나 태풍 등에 의해 전도되는 경우가 있으므로, 이를 방지하기 위해서 키가 작은 묘목을 적용하는 경우가 많다. 이때 바람에 의한 피해를 방지하기 위하여 지지대를 설치한다. 이식한 수목보다는 종자에서부터 성장한 실생묘나 유묘 단계에서 적응한 수목의 뿌리층이 잘 발달하여 비탈면에 적응하는 능력이 상대적으로 뛰어나다.

그림.3.4 파종과 식재를 병행한 다양한 녹화 사례

또한 동물에 의한 피해를 방지하기 위한 틀(식해방지틀)을 설치하기도 한다. 목본 묘목을 식재할 때에는 주변의 초본류와 경쟁을 피하기 위하여 일정 간격으로 초본류가 자라지 못하도록 하는 식생반을 설치하거나 제초를 해주기도 한다. 급경사 도로 비탈면의 경우는 동물에 의한 피해가 별로 없겠지만, 산지 훼손지나 야생동물 개체수가 상대적으로 많은 국립공원 등의 식생복원지에서는 이에 대한 대책도 고려할 필요가 있다.

그림.3.5 동물에 의한 수목피해 방지를 위한 조치

그림.3.6 사슴 개체 밀도에 따른 하층식생의 피해 실험(좌우측 비교) 연구(일본 북해도대학 연습림)

암반비탈면인 경우는 비탈면에 두껍게 식생기반을 조성해주는 방법 외에 경사가 급하고 토양이 부족한 곳에는 새집 형태로 식재 장소를 확보한 뒤 수목을 식재하기도 한다. 한편 식물을 비탈면에 직접 식재하기 곤란한 곳에서는 비탈면 하부나 소단부에 덩굴식물을 식재하여 비탈면을 차폐시키는 방법을 사용하기도 한다.

최근 자원재활용의 측면에서 훼손 현지나 도로 개설 대상지에서 미리 종자원을 확보하고, 이를 증식하여 녹화공사에 활용하고 있다. 묘목은 일반적인 포트 형태와 비탈면에 적용하기 위하여 납작한 형태로 만든 유니트묘가 사용되기도 한다. 일본 도로공단연구소에서는 도로건설 예정지에서 종자원을 미리 확보한 뒤 이를 이용해 묘목을 생산해서 공사에 이용한 사례가 있다. 묘목 생산을 위해서는 사전조사 단계에서부터 종자원 선별, 포트묘, 유니트묘 생산 과정에 시간과 예산이 소요되므로, 전체 공정계획 수립 때부터 자생식물 활용 프로세스를 적용하는 것이 필요하다. 시간과 예산이 투입됨에도 불구하고 이러한 시도는 원식생을 복원한다는 측면에서 볼 때 아주 바람직한 방법이라고 생각된다.

묘목 실험 및 생산 온실 | 자생종 묘목 생산 프로세스 | 묘목 생산 과정

그림.3.7 현지 식물자원을 이용한 녹화용 묘목 생산(일본 도로공단연구소)

그림.3.8 녹화용 묘목 생산 연구(일본 북해도 임업시험장)

국내에서는 국립공원관리공단(종복원기술원 식물복원센터)에서 멸종위기식물의 서식환경을 보전하고 향후 발생될 수 있는 자연·인위적 훼손에 대비하기 위해 훼손된 자생지와 주요 봉우리의 복원에 사용될 야생식물을 확보하여 이를 증식하고, 훼손지 복원에 사용하기 위한 연구를 진행 중이다. 이러한 노력들은 향후 국립공원 내에 산재한 훼손지의 식생복원을 위해 반드시 필요한 연구라고 생각되며, 국립공원 외에 다른 곳으로 확대되기를 기대한다.

그림.3.9 식물복원센터의 자생식물 증식 연구(국립공원관리공단)

식생복원에 사용하는 방법으로 종자 파종이나 식물 식재 방법 외에 식물의 영양체를 이용하는 방법이 있는데, 일반적으로 돌나물류(sedum)로 알려져 있는 식물의 줄기나 뿌리분을 이용하는 방법이 사용되고 있다. 또한 생태공학적인 방법으로 버드나무 가지 등을 이용한 비탈면 안정화를 동시에 도모하는 방법도 있다.

삽수는 한 개체에서 여러 개를 채취할 수가 있기 때문에 묘목에 비해 생산이 쉽고 대량으로 확보가 가능하다. 불안정한 비탈면이거나 돌망태 등의 구조물 주변 녹화에 삽목의 방법을 이용하여 비탈면 안정을 도모하는데 활용하기도 한다. 단 삽수는 연중 적용이 가능한 것이 아니고 봄철에 생육이 왕성해지는 단계에서 적용하는 것이 효과가 좋다.

그림.3.10 돌나물 영양체를 이용한 비탈면녹화 사례

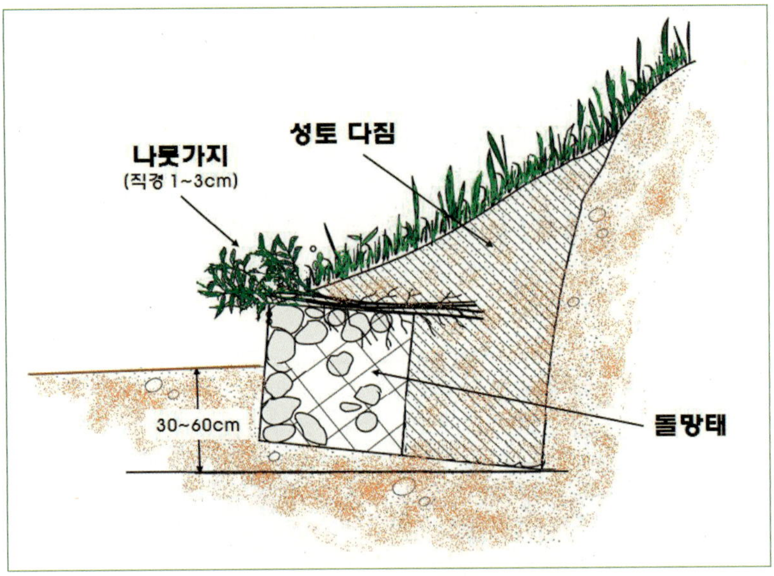

그림.3.11 나뭇가지를 이용한 돌망태 옹벽 녹화 개념도

토사비탈면에 적용되는 주요 식재방법으로 잔디식재가 있다. 잔디는 뗏장의 형태로 적용하는데 시공 즉시 녹화 효과가 발휘된다는 장점이 있다. 반면 초본류의 근계층이 얕게 형성되므로 비탈면 안정에 기여하는 효과는 크지 않다.

시공방법은 비교적 쉬운데 비탈면 평떼붙이기는 줄눈을 틈새 없이 붙이고 십자줄이 형성되지 않도록 어긋나게 붙이며, 잔디 소요면적은 비탈면 면적과 동일하게 적용한다. 선떼붙이기는 비탈면에 일정 높이마다 수평으로 단끊기 후 되메우기 한 앞면에 떼를 세워 붙이되 흙층에 완전히 밀착되도록 사용한다.

이들 방법은 주로 땅깎기 비탈면 보다는 흙쌓기 비탈면에 적용하는 것이 바람직하다. 잔디를 사용하는 방법은 비탈면에 균일한 식생층을 조성하기는 쉽지만 잔디의 뿌리가 깊게 내려가지 않기 때문에, 표면층 안정에 기여하는 바는 크지 않다.

표.3.8 초본류 유묘를 이식하는 방법

종류	내용	적용기술
선떼붙이기	비탈다듬기에서 생산된 뜬 흙(부토)을 고정하고 식생을 조성하기 위한 파식상을 설치하는데 필요한 기본 공작물	1~9급, 밀돌 선떼붙이기 등
줄떼다지기	비탈면을 일정한 기울기로 유지하면서 보호·녹화하기 위해 비탈면에 떼를 수평으로 넣고 다지는 공법	줄떼다지기, 줄떼붙이기, 줄떼심기 등
평떼붙이기	비탈면이나 평지에 평떼를 붙이거나 심어 전체면적을 일시에 녹화하는 방법	전면 떼붙이기, 점상 떼붙이기 등
새심기	녹화공사를 보완하기 위하여 새류의 풀포기를 식재하여 비탈을 초류로서 녹화하는 공법	전면 새심기, 줄새심기, 군상 새심기, 점심기, 흩어심기 등

3.2 식생기반 재료

식생복원녹화의 목표를 달성하기 위한 시공품질을 결정하는 가장 중요한 요소 중의 하나가 시공용 재료라고 볼 수 있으며, 계획을 수립할 때 우선적으로 고려해야 할 항목은 바로 시공재료와 방법이다.

비탈면의 원지반이 토사일 경우에는 종자만 파종하여도 식물이 원지반에 뿌리를 내리고 스스로 생장할 수 있다. 그러나 암반조건이 될수록 식물이 생육할 수 있는 토양기반이 적어지므로 인위적으로 식생기반을 비탈면에 조성해주게 된다. 그리고 식물은 이렇게 조성해준 식생기반 내에서 오랫동안 살 수 있어야 하므로, 식생기반 자체의 이화학적 성질이 매우 중요하다.

비탈면의 식생녹화용 재료에는 먼저 종자와 묘목의 형태로 사용되는 식물재료와 비탈에서 식물이 뿌리를 내리고 영양분을 얻을 수 있는 기반 조성용 재료, 그리고 시공을 위한 보조 재료로서 고정용 재료 및 멀칭용 재료 등이 있다.

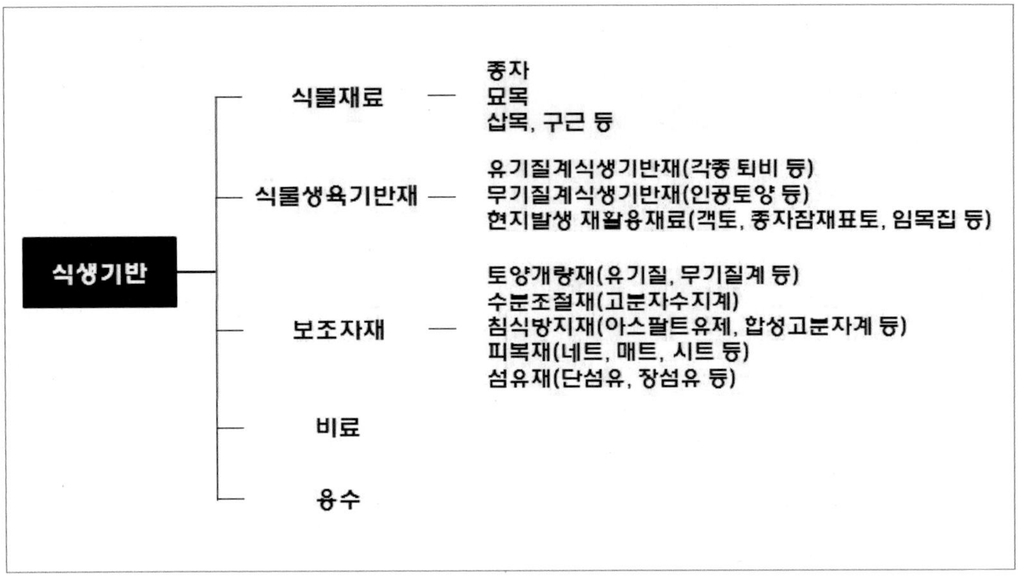

그림.3.12 녹화용 식생기반재료의 분류

훼손지나 비탈면의 식생복원녹화 목표를 달성하기 위해서는 식물이 비탈 조건에서 생장할 수 있도록 하여야 한다. 이때 기반(원지반 또는 일정 두께로 조성해주는 기반)은 식물이 뿌리를 내리는 공간이 되며, 식물에 필요한 수분이나 영양분을 공급해주는 역할을 하게 된다. 그러나 평지가 아닌 비탈 조건이기 때문에 구성 재료 및 이들 재료로 조성한 식생기반은 다음과 같은 몇 가지 조건을 충족해주어야 한다.

식생기반의 조건

- 빗물에 침식되지 않을 정도로 구조적으로 안정되거나 견고하여야 함
- 식물뿌리의 생장이 저해되지 않는 수준의 토양경도를 유지하여야 함
- 식물의 생장에 필요한 수분과 양분을 함유하고 있어야 함
- 2차적으로 환경위해물질이 용탈되어 나오지 않아야 함
- 식물이 완전히 정착될 때까지 녹화기반이 유실되지 않아야 함

비탈면이 토사조건일 경우에는 파종한 종자가 비탈면에서 유실되지 않도록 고정시켜주는 역할이 매우 중요하다. 그리고 식물의 생장은 원지반의 토양 특성에 따라 달라지는데, 특히 암반조건일 경우에는 식물생장에 필요한 모든 것을 인공적으로 조성해주는 식생기반 내에서 얻어야 하기 때문에 식생기반의 특성이 더욱 중요해진다.

결국 식생기반은 단순히 식물 뿌리의 지지기반으로서가 아니라, 식물이 지속적으로 자랄 수 있도록 구조적, 환경적으로 안정된 기반을 오래 제공해주어야 한다는 것이다. 과거 녹화공사에서 충분한 두께의 식생기반을 조성해주었는데도 불구하고 식물이 쇠퇴하는 문제도 위에서 언급한 바와 같이 너무 높은 토양경도, 건조피해, 녹화기반내 영양분의 불균형에서 기인한 것으로 볼 수 있다.

혼합하는 재료의 기본 특성을 고려하여 식생기반재가 가져야 할 특성에 대한 일반적인 기준이 녹화관련 지침에 제시되어 있으며, 최근에는 자원재활용의 측면에서 현지에 있는 식물이나 토양자원을 활용하는 기술도 적용되고 있다.

뿜어붙여지는 녹화용 재료는 종자와 화이버류를 묽게 혼합해서 시공하는 종자뿜어붙이기용이 있으며, 토양과 각종 화이버류, 종자 등을 혼합하여 많은 재료를 두껍게 뿜어붙이는 식생기반재뿜어붙이기 등으로 크게 나눌 수 있다.

또한 이들 재료는 사용하는 식생기반재료의 상태에 따라서 건식과 습식으로 구분이 된다. 시공용 탱크 안에 물과 같이 혼합된 상태의 재료를 습식 방식으로 분류하는데 주로 분사용 시공방식에 적용한다. 또한 재료가 물과 같이 혼합되지 않고 마른 상태에서 시공하는 경우는 공기압밀 방식으로 시공을 하게 되며, 일반적으로 건식 시공방식으로 분류한다. 최근에는 이들 방식이 혼합되어 중간 정도의 형태로 시공하는 방식도 많이 사용되고 있다.

식생기반재는 사용하는 재료에 따라서 토양류를 주재료로 한 것, 유기물을 주재료로 한 것, 각종 슬러지류를 주재료로 한 것으로 구분할 수 있다. 각 재료는 각각의 시공방식에 맞추어서 최적화된 것이므로 어떤 재료가 가장 우수하다고 말하기는 곤란하다. 녹화공법별로 차이는 있겠지만 유기물 성분이 많이 혼합된 재료는 식물의 초기 성장에 유리할 수도 있으며, 상대적으로 토양류가 많이 혼합된 재료는 초기 성장은 다소 늦을지라도 장기적으로 목본 성장에 의한 수림화에 유리한 경우가 있다.

또한 한 가지 재료만으로 혼합된 것이 아닌 경우가 대부분이며, 녹화방법에 따라서 토양, 유기물, 슬러지류 등이 용도에 맞게 혼합되어 있는 상태이다. 적용하는 식물종도 식생기반재료의 특성에 따라서 초기성장에 유리한 것과 중장기적인 목표에 초점을 둔 것들도 있기 때문에 녹화대상지의 현장특성과 식생복원 목표에 따라서 재료 및 공법을 선정하는 것이 바람직하다.

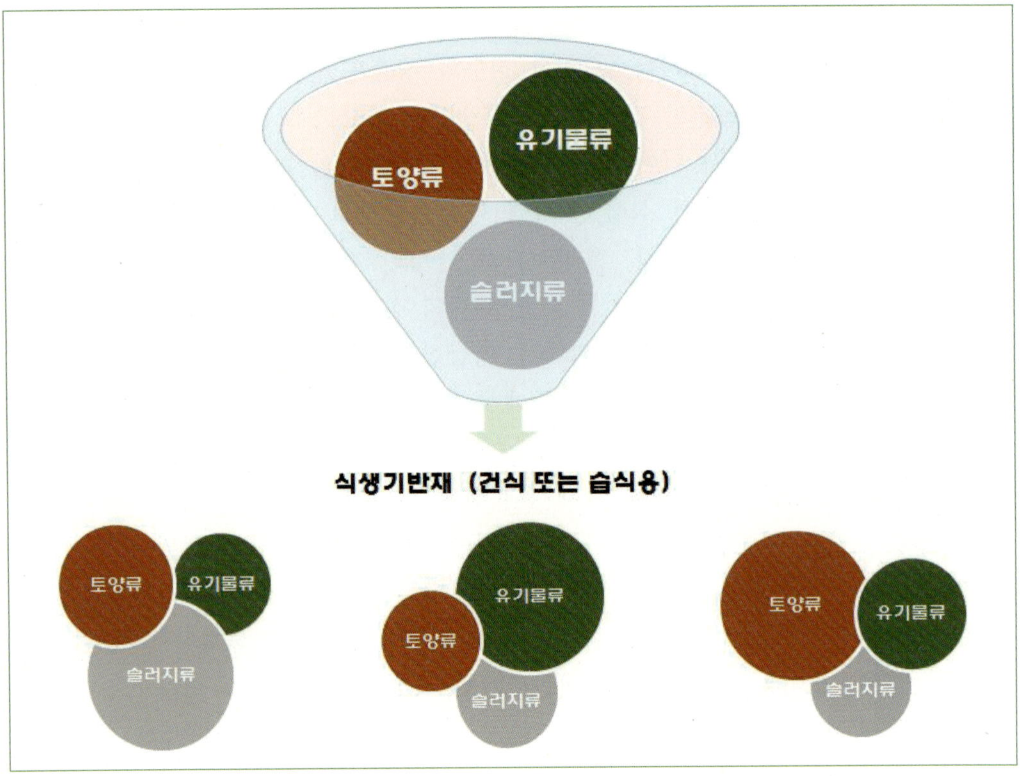

그림.3.13 주재료에 의한 식생기반의 유형 분류

최근에는 현지자원을 이용하여 식생복원녹화용 재료를 생산하는 사례가 있는데, 도로 유지관리 차원에서 발생한 예초물이나 벌채목 등을 파쇄하거나 이를 퇴비화 하여 녹화에 사용하고 있다. 이러한 접근은 자원재활용 측면에서 의미를 찾을 수 있는데 폐기물 처리비, 운반비, 시공비 절감 등의 측면에서 바람직하다고 하겠다.

도로 유지관리에서 나온 예초물	예초물 및 임목칩의 퇴비화 과정	임목 파쇄칩을 이용한 녹화 사례

그림.3.14 현지 식물자원을 이용한 퇴비화 및 녹화사례

식생복원녹화에 사용하는 식생기반재는 일정한 품질기준을 요구하고 있다. 특히 유기물함량은 3.0% 이상(국토해양부, 2009)으로 규정하고 있는데 이는 일반적인 함량이며, 특히 시드스프레이 방식이나 토양을 주재료로 한 녹화방식에서는 기준에 부합하지 않을 수 있다. 일반적으로 우리나라 산림토양 내에는 유기물함량이 5% 내외이므로, 녹화기반재의 유기물함량은 다양한 측면에서 검토가 필요하다.

유기물함량이 높은 것은 식물의 초기 성장에는 유리하지만, 유기물함량이 너무 높을 경우 식물이 웃자라는 경향을 보일 수 있으며, 환경조건이 열악해질 때 일시에 고사하거나 쇠퇴하는 경우가 있을 수 있다.

표.3.9 중금속 등 기타 오염물질에 대한 식생기반재의 적용 기준 (단위: mg/kg)

물질	1지역	2지역	3지역
카드뮴	4	10	60
구리	150	500	2,000
비소	25	50	200
수은	4	10	20
납	200	400	700
6가크롬	5	15	40
아연	300	600	2,000
니켈	100	200	500

표.3.10 비탈면녹화용 식생기반재의 화학적 특성 평가항목과 기준

평가항목		평가기준
항 목	단 위	
토양산도(pH)	-	6.0~8.0
전기전도도 (EC)	dS/m	1.0 미만
염기치환용량 (CEC)	Cmol/kg	6 이상
전질소량 T-N)	%	0.06 이상
염분농도	%	0.5 미만
유기물함량	%	3.0 이상

* 자료 : 국토해양부(2009)

※ 비고

1. 1지역: 「공간정보의 구축 및 관리 등에 관한 법률」에 따른 지목이 전·답·과수원·목장용지·광천지·대(「공간정보의 구축 및 관리 등에 관한 법률 시행령」 제58조제8호가목 중 주거의 용도로 사용되는 부지만 해당한다)·학교용지·구거(溝渠)·양어장·공원·사적지·묘지인 지역과 「어린이놀이시설 안전관리법」 제2조제2호에 따른 어린이 놀이시설(실외에 설치된 경우에만 적용한다) 부지
2. 2지역: 「공간정보의 구축 및 관리 등에 관한 법률」에 따른 지목이 임야·염전·대(1지역에 해당하는 부지 외의 모든 대를 말한다)·창고용지·하천·유지·수도용지·체육용지·유원지·종교용지 및 잡종지(「공간정보의 구축 및 관리 등에 관한 법률 시행령」 제58조제28호가목 또는 다목에 해당하는 부지만 해당한다)인 지역
3. 3지역: 「공간정보의 구축 및 관리 등에 관한 법률」에 따른 지목이 공장용지·주차장·주유소용지·도로·철도용지·제방·잡종지(2지역에 해당하는 부지 외의 모든 잡종지를 말한다)인 지역과 「국방·군사시설 사업에 관한 법률」 제2조제1호가목부터 마목까지에서 규정한 국방·군사시설 부지

* 자료 : 토양오염우려기준(토양환경보전법, 개정 2015.11.30)

녹화공법은 대상 비탈면의 토질, 경사 등에 따라 시공방식, 시공두께 등이 달라지며, 시공두께에 따라 식생배합이 달라진다. 얇은층 식생기반재뿜어붙이기에서는 혼합한 종자의 대부분이 발아가 가능한 공간에 위치하게 되지만, 두꺼운층 식생기반재뿜어붙이기에서는 식생기반층의 하부에 위치한 종자는 발아되기 어려운 조건에 있으므로, 시공두께에 따른 종자 및 재료의 배합도 차별화 되어야 한다.

표.3.11 시공두께에 따른 녹화용 종자 혼합량

시공두께	시드스프레이	1cm	2cm	3cm	5cm	7cm	10cm	15cm
파종량 (g/㎡)	30	30~50	40~70	50~80	70~90	90~120	100~130	130~150

* 재료의 할증은 부피비 기준으로 10%를 적용함

일반적으로 흙속에 묻힌 종자는 너무 깊게 묻히게 되면 발아가 어렵다. 종자뿜어붙이기공법이나 얇은층 식생기반재뿜어붙이기 공법에서는 시공두께가 큰 문제가 되지 않지만, 두꺼운층 식생기반재뿜어붙이기공법의 경우 하부 쪽에 혼합된 종자의 발아는 상대적으로 어렵게 된다. 보통 표층부 2cm 안에 위치한 종자는 발아가 가능한 범위 내에 있다고 가정할 수 있다.

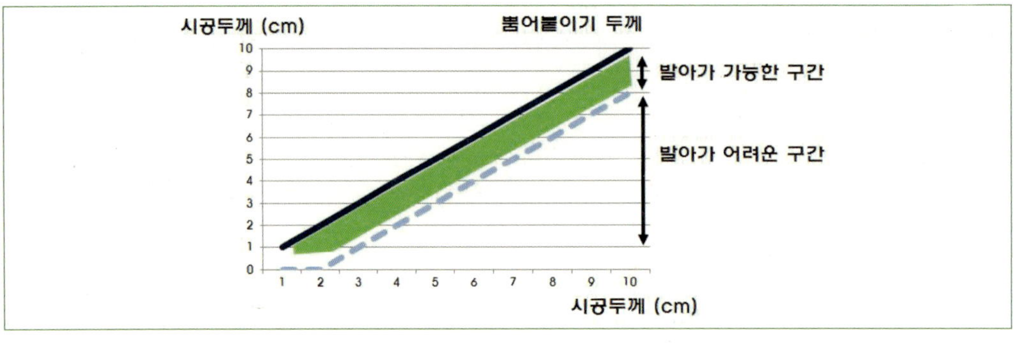

그림.3.15 시공두께에 따른 발아가능 구간

그리고 녹화품질도 식생기반의 재료 및 배합비율에 큰 영향을 받게 된다. 좋지 않은 재료를 사용한 곳에서는 파종하지 않은 식물(토마토, 수박, 참외 등)이 발아되어 나오기도 한다. 이들 식물은 슬러지류나 완전히 부숙되지 않은 퇴비류에서 나오기도 하는데, 식생피복에 큰 문제는 없지만 이들이 너무 자라서 녹화용 식물을 피압하고, 겨울철에 지상부가 쇠퇴하면 나지가 노출되는 문제점이 나타날 수 있으므로 바람직하지는 않다.

보조 재료

[토양개량재]

토양개량재는 식물생육이 불량한 토양에 대하여 통기성, 보수성, 통수성 등의 토양물리성을 개선하고, 보비성 등 화학성의 개선을 도모하기 위하여 토양에 첨가하는 재료로서 토양안정제라고도 한다.

토양개량재는 크게 유기질계, 무기질계로 구분할 수 있다. 유기질계는 동식물의 잔해, 가축분뇨 등의 다양한 것이 원재료가 되고, 생산과정에서 여러 가지의 재료가 혼합되는 경우가 있다.

유기질계 토양개량재에는 왕겨, 이탄, 수피, 피트모스 등과 같이 매우 다양한 재료가 사용된다. 이와 같은 재료들은 입단구조 형성을 촉진시키므로 토양의 보수성 및 배수성 회복에 도움을 준다. 또한 부식질의 공급 및 비료효과도 기대할 수 있다.

무기질계는 그 자체가 갖고 있는 물리학적 특징을 이용하여 토양에 물리적 변화를 주는 재료이다. 무기질계 토양개량재는 주로 암석, 광물 계통으로서 다공질이며, 경량성 자재가 많고 토양산성의 완화, 보비력의 증가, 보수력의 개선, 중점토질의 통기성 개선 등의 작용을 한다.

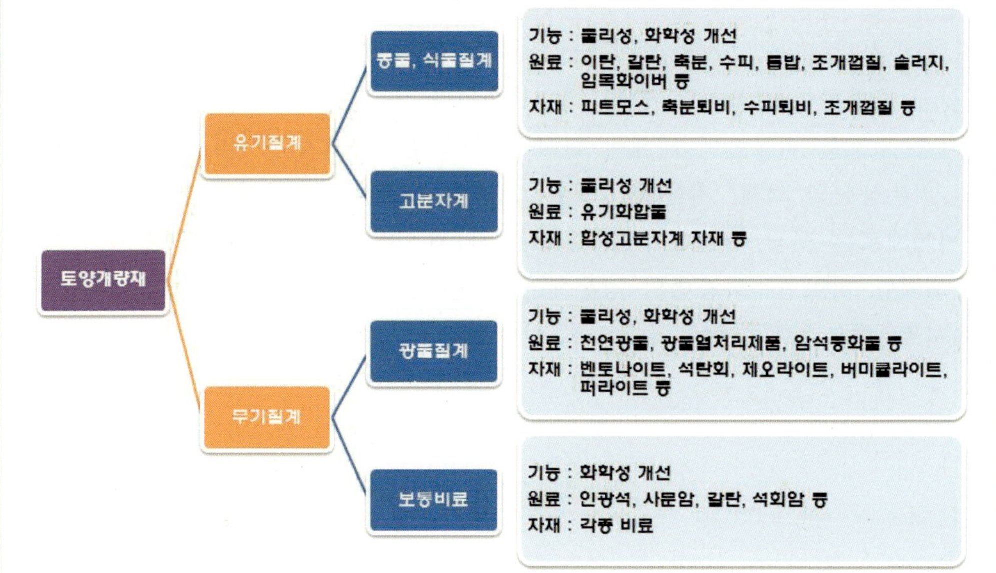

그림.3.16 토양개량재의 종류 및 기능

[수분조절재]

수분조절재는 뿜어붙이기용 재료에 혼합하여 보수성을 높이는 물질로 화이버, 수피 등이 있는데 이 재료는 주로 시공 후에 녹화공법의 수분유지 역할을 담당하여 종자의 발아 및 식물 성장을 돕는 역할을 한다. 넓은 의미로는 보수성이 높은 인공물질 전반을 말하지만, 일반적으로 흡수성이 큰 고분자 수지를 말한다.

[침식방지제]

침식방지제는 그 성질에 따라서 화학적 자재와 물리적 자재로 구분하며, 현장에서는 각각의 용도에 맞게 사용되고 있다. 토양양생제는 토양침식방지제라고도 하며, 비탈면 녹화공사를 실시할 때에 시공 직후의 토양표면 및 뿜어붙이기 재료의 침식을 방지할 목적으로 사용하는 약제이다. 아스팔트유제로 부터 합성고분자계의 풀 종류, 셀룰로오스 풀과 같은 천연물에 가까운 것에 이르기까지 여러 종류가 있다.

침식방지 외에 뿜어붙여지는 식생기반재 내부의 토양구조를 입단구조화 시키는 입단반응제(단립제)가 있다. 이 재료는 토양입자간의 결합력을 높여 입단구조를 증대시키고, 입단구조가 잘 형성된 식생기반층을 비탈면에 조성하는데 사용된다.

[피복재]

피복재는 토양을 결집시켜 재료의 유실을 방지하고, 식물의 착생이 용이하도록 첨가하는 재료로서 토양표면을 피복하는 재료의 총칭이다. 피복재는 피막을 형성하여 종자의 피복, 보습, 보비 및 보온효과를 갖추어야 하며 종자, 비료, 물 등과 함께 혼합하여 살포하는 방법으로 사용된다.

각종 토양을 피복함에 의해서 침식방지, 토양표면으로부터의 증발의 억제, 여름철 지온상승의 억제, 겨울철의 보온, 잡초의 억제 등의 효과를 기대할 수 있다.

피복재로는 볏짚, 톱밥, 수피, 우드칩, 낙엽, 폴리에틸렌필름 등이 일반적으로 사용되지만 비탈면녹화공법의 경우에는 볏짚, 볏짚거적, 부직포, 토양섬유, 화학섬유시트, 네트, coir net, jute net, 천연면네트, 화이버류가 주로 사용된다.

표.3.12 각종 네트류의 특징

구분	주요 특징
코이어네트	• 코이어네트(coir net)는 코코넛 열매 껍질에서 추출한 섬유질로 제조 • 네트는 보온, 보습성으로 인한 한발과 냉해로부터 식물의 발아 및 생장을 보호해주며, 우천시 절성토 비탈면의 세굴, 유실, 침식을 막아줌 • 내구연한은 4~5년으로 보고 있으며, 네트 자체가 거칠고 요철이 심한 비탈면에는 밀착시공이 되지 않는 단점이 있음
쥬트네트	• 쥬트네트(jute net)는 황마를 재료로 제조 • 내구연한은 2~3년 정도이며, 네트가 유연하여 요철이 심한 비탈면에 밀착시공에 유리함
볏짚	• 짚을 거적 형태로 짠 것으로서 종자뿜어붙이기와 병행하여 땅깎기나 흙쌓기 비탈면에 널리 시공되고 있음 • 볏짚은 미기후 조건 개선으로 비탈면에 뿜어붙여진 종자의 발아를 돕는 효과가 있지만, 코이어네트에 비하여 비탈 표면침식을 억제하는 효과는 낮음
면네트	• 면사를 이용하여 네트 형태로 제작한 면네트는 볏짚보다 인장력이 우수함 • 부드러워 요철이 있는 비탈면에 밀착시공이 가능함

토양피복재는 멀칭재라고도 하며, 땅 표면을 피복자재로 덮어주는 것이다. 주로 수목 이식 작업에 사용되는데 비탈면 녹화공사에서는 나지 표면을 덮는 용도로 널리 활용된다. 특히 수목이식 이후의 마무리 단계에서 우드칩 멀칭 등을 실행하는데, 이것은 수목생장에 도움이 되며 식재지의 독특한 분위기를 창출할 뿐만 아니라 제초작업의 축소 등 사후관리를 쉽게 해준다.

그림.3.17 식생네트를 이용한 녹화 실험

우드칩 멀칭은 산림토양에 유기물층이 있어서 수목생장에 도움을 주는 것과 비교할 수 있으며, 훼손지 토양환경을 숲의 토양조건과 유사하게 만드는 효과가 있는데, 잡초발생을 억제하고 토양으로부터 수분증발을 감소시키며 표토유실을 방지하고 토양이 경화되는 것을 막는다. 또한 여름철에는 토양온도 상승을 방지하고 겨울철에는 동결을 방지해주며 토양의 입단화를 촉진하고 공극률을 높여준다. 그 밖에도 유익한 토양미생물의 생육을 조장하고 멀칭재가 분해되어서 양료를 공급하며 토양비옥도를 증가시키는 장점이 있다.

[화이버류]

식생복원녹화는 비탈면에 식생기반을 조성해주는 것이므로 경사조건에서 식생기반을 안정적으로 부착시키는 것이 중요하며, 이를 위하여 각종 화이버류를 사용하는 경우가 있다. 화이버류는 실과 같은 장섬유 형태의 재료에서부터 화이버의 입자를 눈으로 구별하기 힘든 단섬유 형태까지 매우 다양하다.

실 형태의 섬유질이 식생기반에 혼합되게 되면 재료의 강도 보다는 인장력을 증가시켜 재료의 갈라짐 등을 방지하는 효과를 나타낼 수 있다. 섬유재에는 보통 고분자화합물로 만든 섬유가 주로 사용되는데 비탈 안정공사용 재료에서 기술한 바와 같이 PP, PE 섬유 등이 많이 사용된다.

장섬유 형태 외에 식생기반재료와 혼합되어 재료간의 결속력을 높여주고, 식생기반층 내부의 수분보유능력을 높여주는 재료가 있다. 보통 천연 화이버류가 사용되는데 목재 또는 종이 상자를 열이나 압력으로 분쇄하여 부드럽게 한 것으로, 식물섬유소가 풍부하고 충분한 수분을 함유하고 있는 재료이다.

그림.3.18 섬유 화이버 및 임목칩 사용 사례

[비료 및 색소]

비료는 식물의 성장을 돕기 위하여 흙에서 화학적 변화를 가져오게 하는 물질과 식물에 영양을 주는 물질이다. 비탈면의 토양은 유기물이 충분하지 않은 경우가 대부분이므로 식생의 양호한 생육을 위하여 비료를 사용한다. 식물의 생육에 필요한 다량 원소 중 탄소, 수소, 산소는 대기와 물에서 공급되므로 비료의 성분으로는 고려하지 않는다. 토양 중에서 함량이 비교적 적어 시용하는 경우에 식물의 반응이 높은 것은 질소, 인, 칼륨이며, 이것을 비료 3요소라고 한다. 3요소 외에 사용량이 많고 식물의 반응이 나타나기 쉬운 것은 칼슘, 마그네슘, 황이며 이것을 2차 요소라고 한다.

비료는 용도, 성분, 생산방법 등에 따라서 여러 가지 종류로 분류하는데, 비료관리법에서는 크게 보통비료와 부산물비료로 나누고 있다. 보통비료란 부산물비료 이외의 비료로서 공정규격이 정하여진 것으로 정의하고 있다. 부산물비료는 농업, 임업, 축산업, 수산업, 제조업 과정에서 나온 부산물, 음식물폐기물, 토양미생물제제, 토양활성제 등 비료성능이 있는 물질이다.

색소는 염기성 색소로 균일한 살포를 유도하고, 햇볕 흡수를 통한 온도상승으로 살균효과가 있는 제품을 사용하여야 한다. 특히 환경이나 안전 문제를 야기할 수도 있는 부적절한 재료가 포함되어 있는 색소는 사용하지 않도록 주의한다.

Chapter

4 식생복원녹화 공사

4. 식생복원녹화 공사

4.1 녹화기초공사

녹화기초공사 개요

녹화계획 수립 및 시공재료의 선정이 이루어진 이후에 현장시공이 실시된다. 우선 녹화기초안정공 단계에서는 면정리 및 고르기, 비탈면 배수공사, 녹화기초공사가 수행된다. 시공대상지가 토사비탈면일 경우 풍화침식으로 지반면과 유리되어 흘러내리거나, 소단부에 퇴적된 토사와 얕게 박히거나 불안정하게 걸쳐져 있는 돌 등을 제거한다. 기초안정공사를 필요로 하는 비탈면은 지표면을 잘 정리하여 재료의 부착이 용이하도록 하여야 한다. 또한 경사가 급하고 유실의 우려가 있는 경우에는 목재를 이용한 편책 등을 설치하여 식물이 자랄 수 있는 기반을 개선해주기도 한다.

그림.4.1 목재 편책에 의한 비탈면 안정화

암비탈면일 경우 토목 시공면을 고려하되 주변 자연환경과 조화되는 녹화를 위하여 매끈하게 정리하지 않고 굴곡 있는 비탈면을 조성하는 것이 효과적일 수도 있다. 이때 땅깎기 및 발파 등에 의한 불안정한 돌 등을 제거한다. 단, 여러 규격의 파쇄된 돌들이 자연스럽게 쌓여서 안정되어 있을 때에는 예외로 할 수 있다.

비탈면 기초안정공사 방법으로는 비탈면 보강용 심박기, 침식방지망 덮기, 비탈면보호용 격자블록 설치, 낙석방지망덮기, 편책 설치, 콘크리트 힘줄박기, 돌망태 설치 등이 있다.

표.4.1 목적에 따른 녹화기초공의 유형

목적	공법	대상	주된 효과
비탈면 보호	모르타르뿜어붙이기	암깎기비탈면	암석의 풍화방지
	콘크리트뿜어붙이기	암깎기비탈면	암석의 풍화 및 박리방지
	콘크리트보호공	깎기비탈면	침식 및 풍화방지, 암석의 박리방지
	사석보호공블록보호공	흙쌓기, 깎기비탈면	침식 및 풍화방지
	현장타설힘줄박기	깎기비탈면	표층토의 붕락방지, 암반의 떨어짐 방지
	격자블럭공	흙쌓기, 깎기비탈면	표층토의 붕락방지
	비탈면 앙카공	깎기비탈면	비탈면 표층부의 강화, 암반의 떨어짐 방지
	돌망태공	흙쌓기, 깎기비탈면	표층부의 강화, 용수에 의한 토사유실방지
	편책공, 항타공	흙쌓기, 깎기비탈면	표층의 강화
흙막이공	옹벽	흙쌓기비탈면	토압에 저항하여 비탈면 유지
	토류벽	흙쌓기, 깎기비탈면	소규모 옹벽으로 비탈면 아래 부분의 보호
낙석방지	낙석방지망	암깎기비탈면	비탈면에서 무너져 내리는 작은 낙석의 비산 방지
	낙석방지휀스	암깎기비탈면	낙석 저지

* 자료 : 한국수자원공사(2013) 자료를 토대로 재편집함

녹화기초공의 종류 및 특징

[면정리 및 고르기]

토사지반의 경우 풍화침식으로 지반면과 유리되어 흘러내리거나, 소단부에 퇴적된 토사와 얕게 박히거나 걸친 돌 등을 제거한다. 기초공사를 필요로 하는 비탈면은 지표면을 잘 정리하여 기초보호재료의 부착을 용이하게 한다.

비탈면 상、하단부는 주변 자연경관과의 조화와 동결 및 침식의 방지를 위하여 예각을 피해 자연스러운 형태로 마무리한다. 단, 우수한 기존식생이 존재할 때에는 재검토하여 고르기를 하지 않을 수도 있다. 시공된 면이 빗물로 인한 침식, 붕괴 등 손실을 가져올 우려가 있는 경우에는 비닐 등으로 덮어서 보호한다.

[비탈면 배수공사]

표면수 또는 용수에 의하여 비탈면 표층부가 침식되거나 붕괴의 우려가 있는 곳에서는 비탈면어깨배수구, 소단배수구, 종배수구, 비탈면 밑 배수구, 암거 유공관, 배수판 등의 배수시설을 설치한다.

그림.4.2 지하 배수공 설치 사례

소단부는 암반비탈면이라도 생육기반재가 침식되지 않도록 횡단기울기를 두거나 배수구를 설치한다. 과도하게 습한 상태의 비탈면은 병충해 발생이 우려되고, 식물생육이 곤란하므로 종횡단 배수구 및 배수매트, 배수망, 배수판 등을 설치하여 집수처리 한다.

용수의 처리를 위하여 배수공을 설치하여야 하며, 비탈면녹화공사를 하기 위해서는 생육기반과 분리된 배수층을 조성한다.

[비탈면 보강용 심박기]

비탈면에 생육기반재의 안정된 부착을 도모하기 위해 말뚝, 철근 등의 비탈심을 3~4개/m^2 정도로 비탈면에 연직방향으로 충분히 깊이 박아주어야 한다. 비탈면에 암반이 있을 경우 암반의 절리방향 및 경사를 조사한 후 심박기 각도를 조정하여 설치하여야 한다.

[비탈면 침식방지망]

침식방지망을 사용하여 비탈면의 지표면 침식방지와 종자유실 방지를 통해, 종자의 발아 촉진과 식생 활착이 되도록 시공한다. 종자뿜어붙이기를 시공한 뒤에 시공 비탈면 위에서 아래로 굴려 비탈면 모양대로 자연스럽게 펼치도록 하고, 방지망이 팽팽해지지 않도록 주의하여 지표면과 완전히 밀착되도록 한다.

[낙석방지망 덮기]

비탈면에 불안정한 암괴나 돌 등이 낙석이 되어도 비탈면과 망사이로 미끄러지도록 하거나, 뜬돌을 눌러주어 식물의 생육기반이 보전되도록 시공한다. 암비탈면의 굴곡부에 가능한 한 밀착시켜 침식층의 퇴적이 이루어지도록 한다. 식생기반재뿜어붙이기와 병행할 때에는 녹화토를 충분히 지탱할 수 있는 깊이로 앵커를 설치하여야 하며, 고정핀과 종·횡의 고정줄은 충분히 설치하고 고정한다.

[비탈면보호용 격자블럭]

소형의 수로를 격자상으로 구획하여 지표수를 분산·집배수함으로써 지표면 침식을 억제하고 공사 전 채집된 표토 및 생육기반재를 채워 녹화가 될 수 있도록 시공한다. 격자블럭을 설치할 때에는 비탈면을 평활하게 고른 다음 블럭이 올바르게 맞물리도록 설치하여 미끄러져 내리지 않도록 붙여야 한다. 격자 내에 식재하기 위해서는 도입식물의 원활한 생육을 위하여 토양을 채워서 충분히 다진 후 식재하며, 토양이 없을 때에는 생육기반재를 채우도록 한다. 단 채워진 토양층과 격자틀이 분리되면서 접하는 부분에서 침식이 발생할 수 있는 우려가 있으므로, 이에 대한 대책을 같이 고려하여야 한다.

그림.4.3 다양한 비탈면 안정화 공법 및 주변 녹화 사례

[콘크리트 힘줄박기]

현장타설 콘크리트격자를 만들어 급경사 비탈면의 표층부 붕락을 방지하고 식물의 생육기반을 조성할 수 있도록 한다. 비탈면의 조건에 따라 생육기반재의 채움 깊이를 충분히 확보하여 도입식물에 의해 콘크리트면이 은폐되도록 시공한다.

[돌망태]

돌망태는 철선 안에 돌을 채워서 비탈면 안정이나 침식을 방지하는 용도로 사용한다. 돌망태에 사용하는 철선은 아연 또는 알루미늄 도금, 철선, 합성수지 피복철선이 있다. 돌망태 채움재는 지름이 망눈의 최대지수보다 크고 25cm 보다 작은 돌로서 입도가 양호하고 견고하며, 내구성이 좋아야 한다.

[편책]

비탈면 소단부 등에 수목의 원활한 생육이 가능한 선상의 편책을 설치하고 표토 및 식생기반재를 채워 녹화가 되도록 시공한다. 편책은 토양수분의 저장 및 배수가 용이하도록 설치한다.

[기타 비탈면보호공]

비탈면의 지표면안정 및 보호가 되도록 시공하되 경관적 관점에서 조형적으로 시공하여야 한다. 인조암붙이기는 각 기본단위가 서로 견고하게 조립되도록 하며, 원지반에도 견고히 고정하고, 조립이음부분은 제품의 바위 색과 동일한 색상재료로 빠짐없이 채워 방수를 도모한다.

모르타르 및 콘크리트 뿜어붙이기는 시공면에 요철을 주어 자연미가 살아나도록 하며, 새집붙이기 등의 식재공을 병행하기 위해서 충분한 깊이의 식생혈을 확보하고, 양질의 생육기반재를 투입하여 식생의 활착을 도모한다.

토양 안정

비탈면이나 훼손지의 식생복원을 위해서는 녹화기초공사를 수행하여 원지반을 안정화시키는 방법이 사용된다. 특히 복원의 관점에서 볼 때에는 토양을 안정화 시키는 것이 출발점이 되므로 원지형 복원을 위한 노력이 필요하다. 또한 토양 안정과 식생복원은 별도로 분리할 수가 없는 것이기 때문에, 지형 복원과 토양 안정을 동시에 이루면서 그 위에 식생복원 공사를 진행하는 방법들도 적용되고 있다.

그림.4.4 토양기반 안정화 처리에 따른 자연식생 복원 실험(일본 북해도 대학 연습림)

그림.4.5 지형복원과 식생복원을 동시에 수행한 연속섬유보강토공 적용 사례

토양 안정화 방법에는 위에서 나열한 다양한 녹화기초공사 들이 광범위하게 포함된다고 볼 수 있다. 이를 좀 더 세부적으로 비탈면 안정, 토양 안정, 표층 안정으로 구분하면 다음과 같이 분류할 수 있다.

표.4.2 토양 안정화 적용 기술

분류	공 법	개 요	세부공법 및 재료
비탈면 안정	비탈 다듬기	불규칙한 비탈면에 불안정한 토석층이 있어 그대로 줄떼공 또는 파종공을 실시할 수 없는 지역에 안정된 비탈면을 조성할 목적으로 시공	
	격자틀	흙으로 된 비탈면의 침식을 막기 위해 사각형 모양의 틀을 땅속에 고정시키고 틀속을 흙으로 채운 후 식생을 심는 방법	콘크리트 블록 격자틀, 특수경량 격자틀, 현장타설 콘크리트 격자틀 등
	블록 쌓기	지표면이 노출되어 호우나 풍식 등에 의해 침식이 발생한 지역에 비탈면을 블럭이나 격자틀로 덮어 안정을 도모하는 공법	
	바자 얽기	비탈면 토사의 흘러내림을 방지하기 위해 말뚝을 박고 유연성과 내구성 있는 나뭇가지를 엮어 만든 울타리를 조성하는 공종	바자얽기, 통나무울(짱)얽기 등
토양 안정	흙막이	산지 비탈에서 흙이 무너지거나 흘러내림을 방지하고, 비탈면 기울기를 완화시키며, 표면 유하수를 분산시키기 위한 목적으로 시공	바자 얽기, 통나무, 돌(산비탈 돌쌓기 포함), 돌망태, 콘크리트, 콘크리트 블록, 콘크리트판, 콘크리트 기둥, 폐타이어, 앵글크리브망, 흙포대 흙막이 등
	땅속 흙막이	비탈다듬기 및 단끊기의 과정에서 발생하는 잉여토사를 산복의 깊은 곳에 넣어 유치·고정하는 공사	돌, 돌망태, 바자, 콘크리트, 콘크리트 블록, 땅속흙막이 등
	누구 막이	누구의 침식발달을 방지하기 위해 시공하거나 수로의 기울기 완화, 수로공의 지지, 부토 고정 등을 목적으로 하는 공사	떼, 통나무, 앵클크리브, 돌망태, 돌, 흙포대, 콘크리트, 콘크리트 블록 누구막이 등
	골막이	황폐한 산복에 발생한 골(구곡)이나 계류의 상류부에 쌓는 소규모 공작물	돌, 돌망태, 콘크리트, 콘크리트 블록, 통나무, 바자, 떼, 흙자루 골막이 등
	축대벽	땅밀림지역이나 붕괴우려지역에 토압 지반을 고정하여 붕괴를 방지하기 위해 시공하는 공작물	돌, 콘크리트, 콘크리트블록, 지오웨브, 돌망태, 축대벽 등
	기슭 막이	황폐계천에서 유수에 의한 계안의 횡침식을 방지하고 산각의 안정을 도모하기 위해 계류의 흐름방향을 따라 축설하는 계간사방 공종	돌, 콘크리트, 블록, 돌망태, 통나무, 바자기슭막이 등
	바닥 막이	황폐된 계천 바닥의 종침식방지 및 바닥에 퇴적된 불안정한 토사석의 유실을 방지하기 위해 계천을 횡단하여 설치하는 계류보전 공종	콘크리트, 돌, 콘크리트 블록, 돌망태, 통나무, PNC판, 섶다발 등
표층 안정	비탈 덮기	단끊기를 한 소단과 소단사이의 비탈면과 기울기가 급한 비탈면을 피복하여 강우에 의한 표토의 침식 및 유출을 방지하고 토양수분을 보전하여 파식한 식물의 발아·활착을 도와 식생을 조성·녹화할 목적으로 시공하는 공종	짚, 섶, 거적, 매트, 시트, 망(코이어네트, 쥬트네트, 천연섬유네트 등) 등
	마대 쌓기	비탈면이 붕괴위험성이 있거나 비탈다듬기 및 단끊기로 생기는 토사가 유치되는 곳에 토사를 담은 자루를 비탈면에 쌓는 공법	

4.2 녹화공사

종자 파종

대규모 훼손지나 비탈면에서 일반적으로 적용하는 녹화방식은 종자와 여러 가지 재료를 함께 혼합하여 기계장비에 의해 뿌려주는 방법이다. 이와는 별개로 매트나 네트류에 종자를 부착한 후 이것을 깔아주는 방법을 사용하기도 한다. 이 방법은 기계장비가 필요하지 않고 인력으로 작업을 할 수 있다는 장점을 가지고 있다.

식생복원공사에 사용하는 식물들은 각 특성별로 차이가 있으며, 녹화효과도 달라지기 때문에 식물 및 시공방식의 선정이 매우 중요하다. 녹화공사에서 단일종을 파종하는 경우는 그리 많지 않고 대부분 여러 가지 종자를 혼합하여 파종을 하게 된다. 이때 파종하는 식물의 종류, 파종비율 및 파종방식에 따라서 녹화효과가 크게 차이가 난다.

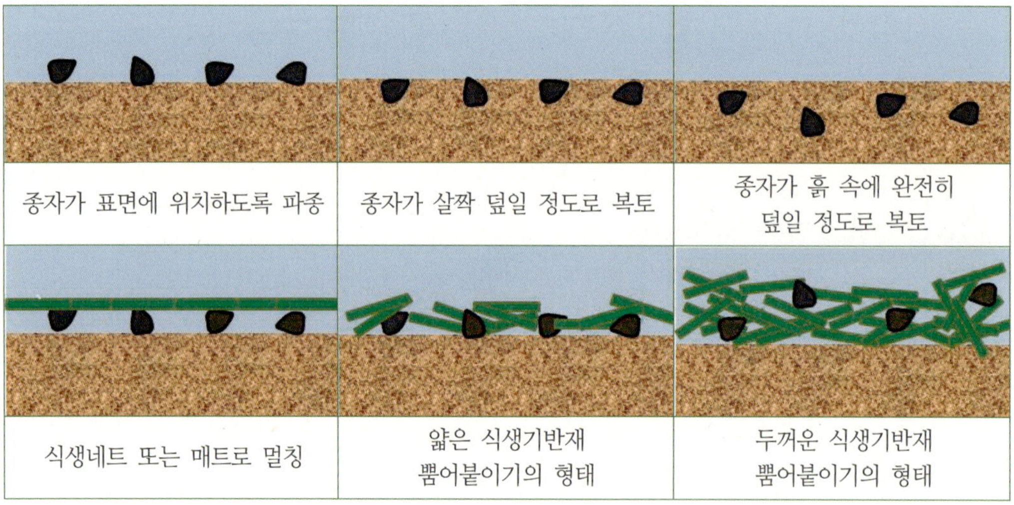

그림.4.6 복토 및 시공방법에 따른 종자의 상대적 위치

종자는 흙이나 식생기반 속에서 발아하게 되는데 종자가 흙속에 위치하는 깊이가 발아 특성에 영향을 미친다. 또한 종자 위에 각종 네트를 멀칭하는 방법, 녹화용 자재와 혼합하여 뿜어붙이는 방식에 따라서 종자의 위치 등이 달라진다. 따라서 식생복원 목표, 혼합하는 재료의 특징 및 시공방법에 따라서 종자의 사용량 등이

결정된다고 볼 수 있다.

녹화공사에 종자를 사용하는 경우 발아개체수의 예측을 위하여 종자의 사용량을 계산할 수 있어야 한다. 특히 현지에서 야생종자를 채취해서 사용하는 경우 순정종자율의 계산이 중요하다. 순정종자를 계산할 경우에는 채취한 종자에서 협잡물, 죽은 종자 등을 제외하고 계산하며, 순정종자율(%)은 순도(%) × 발아율(%)로 계산한다.

우리나라에서는 비탈면 녹화공사에 사용하는 종자의 비율을 결정하는데 있어서 국토해양부(2009)의 지침을 일반적으로 준용하고 있다. 이 지침에서 종자배합은 무게 기준으로 나타낸 것으로서, 일반적으로 양잔디류의 혼합비율을 10% 정도를 제시하고 있으나, 이들 식물종의 특성(립수, 발아율 등)을 고려하게 된다면 발아가 된 이후에는 실제적으로는 30~50% 이상을 점유하게 될 우려가 있다.

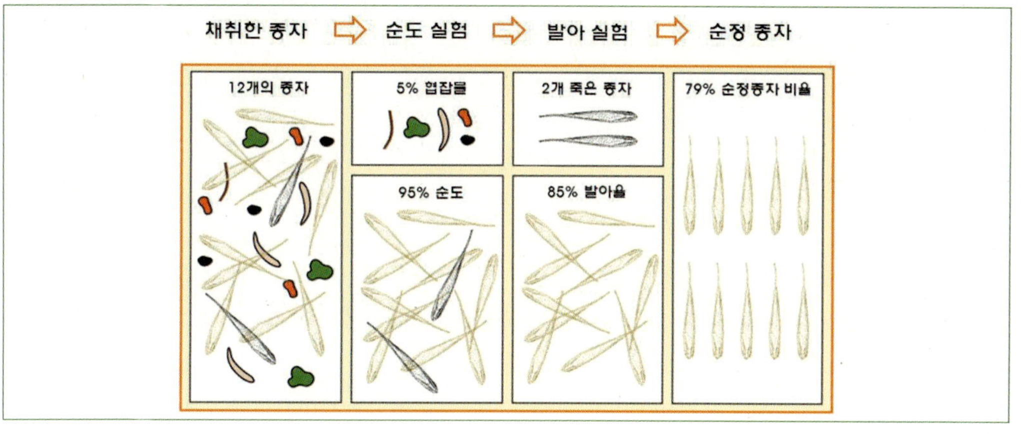

그림.4.7 순도와 발아율에 의한 순정 종자 계산

비탈면 식생복원의 목표에서 다층구조의 수림화를 목표로 하는 경우 목본류와 초본류의 파종량 및 파종배합에 있어서는 초본류와의 혼파가 매우 중요하다. 목본류 종자는 일반적으로 초본류보다 크기가 크고, 발아율이 낮은 것이 많다. 혼파하는 경우 무게 비율에 따라서 초본류를 80~90% 정도, 목본류를 10~20% 내외로 혼합하는 경우가 대부분이다. 그러나 이것을 발생기대본수 기준으로 볼 때는 목본류의 비율은 훨씬 더 낮아지게 된다. 따라서 목본류의 혼합비율이 최소 30% 이상은 되어야 목본식물의 성립을 기대할 수 있다.

또한 초기 발생기대본수를 너무 높게 할 경우 식물간의 경쟁에 의해서 목본 성립이 어려울 수 있으며, 같이 파종하는 초본 식물도 초기 성장이 느린 것이나 초장이 너무 길지 않은 식물종을 배합하여야만 목본식물의 성립을 기대할 수 있을 것이다. 일반적으로 초본식물의 발생기대본수를 3,000본/㎡ 이하로 줄여야 목본식물의 성립을 기대할 수 있게 된다.

여기서 고려해야 할 점이 바로 발생기대본수이다. 발생기대본수는 파종한 종자가 현지에서 발아하여 발생할 수 있는 예상 성립본수를 말한다. 따라서 종자 파종량에 따른 배합도 중요하지만, 결국 혼합된 종자의 발생기대본수가 더 중요한 요소라고 볼 수 있다.

발생기대본수

자귀나무 100립/㎡을 파종할 때 발아율이 80%, 순도가 70%라고 가정한다면 발생기대본수는 100립/㎡ x 80% x 70% = 56본/㎡이 된다. 즉 자귀나무가 단위면적당(㎡) 56본이 발아될 것으로 예상할 수 있는 수치로서, 특정 기간에 국한하지 않고 발아되어 나올 가능성이 있는 모든 개체수(본수)를 나타낸다.

파종량을 계산할 때에는 일반적으로 중량비를 기준으로 배합을 하는데 실질적으로 녹화공사를 시행한 후 목표군락에 대한 예측이 매우 어렵고 개별 종자가 가진 특성이 상이하므로 동일한 양을 파종하더라도 발아되는 개체수는 큰 차이를 보이게 된다.

파종량은 일반적으로는 단위면적당의 발생기대본수로부터 다음 식에 의하여 구한다.

$$W = \frac{G}{S \times P/100 \times B/100 \times K}$$

식에서 W: 도입종마다의 파종량(g)
G: 발생기대본수(본/㎡)
S: 평균립수(립/g)
P: 순도(%)
B: 발아율(%)
K: 보정율

여기에서 S, P, B는 각 식물마다의 표준적인 수치를 사용할 수 있지만 종자의 채집년도에 따라서 다소의 변화가 있기 때문에 시공 직전에 확인하는 것이 좋다. 보정율에 대해서는 다음의 사항을 참고로 하여 정하며, 현장 여건이나 시공방법 및 재료 등의 특성에 따라서 조정해서 사용할 수 있다.

종자는 실험실이 아니라 외부 환경에 노출되기 때문에 다양한 환경조건에 따라 발아 특성이 달라지며, 이를 위해 보정율을 적용한다. 일반적으로 남서향 비탈면이 북동향 비탈면에 비해서 상대적으로 건조하기 때문에 식물 생육에 불리하다고 알려져 있다. 따라서 남향 비탈면에 적용할 경우 북향 비탈면보다 종자를 더 많이 혼합하여야 비슷한 녹화 효과를 얻을 수 있다. 이와 함께 비탈면 경사조건, 시공시기도 중요한 변수로 작용하고 있는 것을 알 수 있다.

종자배합에 있어서는 보정율이 중요하다. 보정율은 녹화대상지의 비탈면 특성, 즉 비탈면 경사가 급한 곳과 완만한 곳, 토양경도가 높은 곳과 낮은 곳, 비탈면의 방위 등에 따라 발아 및 생육특성에 차이를 보이므로, 원하는 목표군락을 조성시키기 위해서는 보정율에 대한 검토가 반드시 필요하다.

표.4.3 시공조건에 따른 보정율 계산

항목		1구간	2구간	3구간	4구간
입지	비탈면 경사	30°이하	30°초과~45°이하	45°초과	
		1.0	1.0~0.9	0.9~0.8	
	토질 조건	토사	리핑암, 풍화암	발파암	
		1.0	0.9	0.8~0.7	
	요철	있음	없음		
		1.0	0.9		
	방위	북	동	서	남
		1.0	1.0	0.9	0.9
시기	파종 시기	3~6월	7~8월	9~10월	11~12월
		1.0	0.8~0.7	0.9~0.8	0.7~0.6
환경	강수 조건	1,000mm 이상	1,000mm 미만		
		1.0	0.8		

* 종자 특성에 따른 보정율은 외래초본류(1.0), 야생화류(1.0~0.9), 재래초본류(0.3~0.5), 재래목본류(0.1~0.2) 수준에서 적용함

* 상기 보정율은 적용 공법별로 상이하므로, 현장 여건에 맞도록 조정하여 적용함

위의 표에 제시된 보정율은 모든 항목을 적용하기 보다는 해당 현장의 특성에 맞게 선택적으로 적용하는 것이 바람직하다.

보정율 계산 사례

- 시공조건: 경사도-30도, 토질조건-풍화암, 방위-서향, 시공시기-7월에 얇은층 식생기반재뿜어붙이기 공사를 한다고 가정함
- 보정율 계산식: K = 1.0(비탈면 경사) x 0.9(풍화암) x 0.9(서향) x 0.8(7월) = 0.65
- 보정율의 의미: K값 0.65의 보정율을 고려한다면 종자는 역산하여 54% 정도의 종자를 할증해야 함

종자의 립수, 순도 및 발아율은 채집년도 및 보관방법에 따라 다소의 변화가 있기 때문에 시공 직전에 확인하는 것이 좋다. 외래도입초본류들은 대부분 80% 이상의 높은 발아율을 나타내며, 종자의 순도는 90% 이상이 대부분이어서 비탈면 녹화공사에 이용하면 시공시기의 온도가 적당할 경우 조기녹화를 이룰 수 있다. 그러나 우리나라의 재래초본과 목본들은 평균 발아율이 대부분 50% 미만이어서 발아율이 낮고 종자의 순도도 떨어진다. 따라서 종자배합시에는 녹화목표, 시공시기, 시공방법, 주변 상황 등을 종합적으로 고려하는 것이 바람직하다.

표.4.4 종자의 순도 및 발아율에 따른 종자배합시 할증비율

순도 및		발아율 (%)										
발아율		100	95	90	85	80	75	70	65	60	55	50
순도 (%)	100	1.00	1.05	1.11	1.18	1.25	1.33	1.43	1.54	1.67	1.82	2.00
	95	1.05	1.11	1.17	1.24	1.32	1.40	1.50	1.62	1.75	1.91	2.11
	90	1.11	1.17	1.23	1.31	1.39	1.48	1.59	1.71	1.85	2.02	2.22
	85	1.18	1.24	1.31	1.38	1.47	1.57	1.68	1.81	1.96	2.14	2.35
	80	1.25	1.32	1.39	1.47	1.56	1.67	1.79	1.92	2.08	2.27	2.50
	75	1.33	1.40	1.48	1.57	1.67	1.78	1.90	2.05	2.22	2.42	2.67
	70	1.43	1.50	1.59	1.68	1.79	1.90	2.04	2.20	2.38	2.60	2.86
	65	1.54	1.62	1.71	1.81	1.92	2.05	2.20	2.37	2.56	2.80	3.08
	60	1.67	1.75	1.85	1.96	2.08	2.22	2.38	2.56	2.78	3.03	3.33
	55	1.82	1.91	2.02	2.14	2.27	2.42	2.60	2.80	3.03	3.31	3.64
	50	2.00	2.11	2.22	2.35	2.50	2.67	2.86	3.08	3.33	3.64	4.00

표.4.5 중량비와 발생기대본수에 따른 파종비율의 차이

중량비에 의한 파종비율 (국토해양부 기준)			발생기대본수에 의한 비율						
복원목표	식생구분	기타 적용 지역	평균 비율 (%)	30g/㎡ 적용시 ㎡당 파종량 (g/㎡)	평균 립수 (립/g)	평균 발아율 (%)	평균 순도 (%)	발생기대 본수 (본/㎡)	발생기대 본수비율 (%)
초본 위주형	관목류	10~40	25	7.5	100	50	80	300	1.8
	초본, 야생화류	40~80	60	18.0	800	80	90	10,368	63.1
	외래초종(양잔디류)	10~20	15	4.5	1,500	90	95	5,771	35.1
	합 계	100	100	30.0				16,439	100.0
초본·관목 혼합형	관목류	30~50	40	12.0	100	50	80	480	3.7
	초본, 야생화류	40~70	50	15.0	800	80	90	8,640	66.6
	외래초종(양잔디류)	5~15	10	3.0	1,500	90	95	3,848	29.7
	합 계	100	100	30.0				12,968	100.0
목본 군락형	교목류, 아교목류, 관목류	35~60	45	13.5	100	50	80	540	4.9
	초본, 야생화류	35~65	50	15.0	800	80	90	8,640	77.8
	외래초종(양잔디류)	3~10	5	1.5	1,500	90	95	1,924	17.3
	합 계	100	100	30.0				11,104	100.0

* 국토해양부(2009)의 녹화지침에서 제시한 종자배합량 조견표에서 기타적용지역의 비율을 토대로 재계산하였음
* "발생기대본수 = 파종량 × 평균립수 × 발아율 × 순도" 이며
  초본위주형의 관목류는 7.5g/㎡ × 100립/g × 50% × 80% = 300립/㎡으로 계산됨.
  이때 평균입수와 평균발아율, 평균순도는 표에 표시된 바와 같이 적용하였으며,
  보정율(K)은 적용하지 않았음

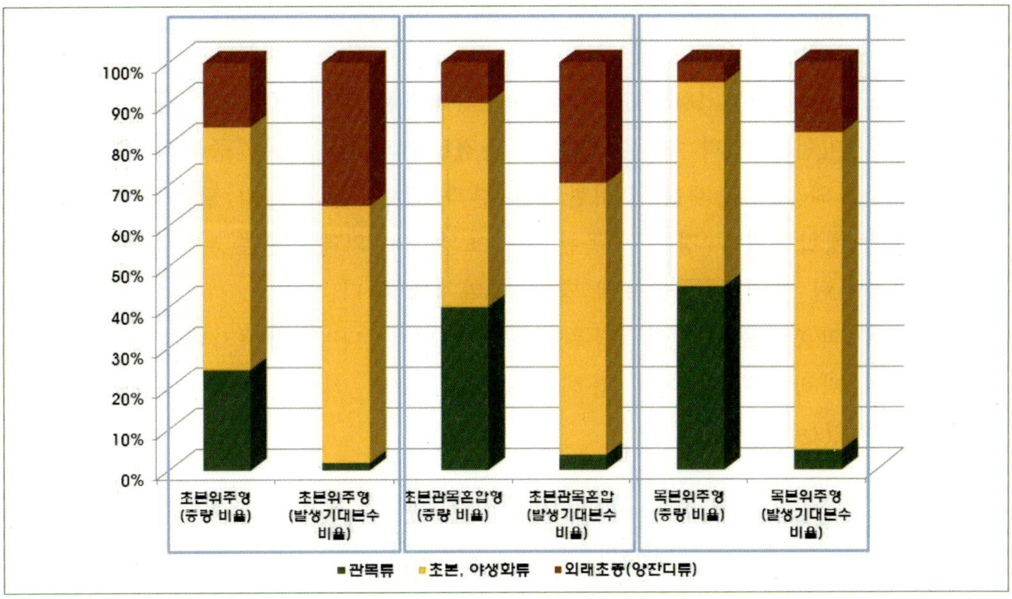

그림.4.8 중량비와 발생기대본수의 차이

위에서 제시한 표 중에서 초본관목혼합형의 경우를 볼 때 중량비 기준으로는 목본류 40%, 초본류 50%, 외래초본류(양잔디류) 10%의 비율로 혼합되지만, 종자립수와 발아율 및 순도를 고려한 발생기대본수 기준으로 보면 목본류는 3.7%, 초본류는 66.6%, 외래초본류(양잔디류)는 29.7%로 비율이 달라진다. 이것이 현장에서 녹화공사를 시행한 이후 중량에 따른 배합비율과 발아되어 녹화되는 식물종의 비율이 달라지는 이유가 된다.

표.4.6 녹화용 종자를 ㎡당 1g씩 배합할 때 예상되는 발생기대본수

구분	형태	립수 (립/g)	발생기대본수 (본/㎡)
목본류	대립종자	1~10	0.4~4
	소립종자	10~100	4~40
초본류	대립종자	100~500	72~360
	소립종자	500~2,000	360~1,440
외래초본류(양잔디류)	소립종자	1,000~3,000	855~2,565

* 적용 기준
발아율 : 목본류(50%), 초본류(80%), 외래초본류(90%)를 평균적으로 적용함
순도 : 목본류(80%), 초본류(90%), 외래초본류(95%)를 평균적으로 적용함

이러한 상황을 좀 더 단순화하면 녹화용 종자를 ㎡당 1g씩 파종할 경우 각각의 립수와 발아율, 순도 등이 다르므로 ㎡당 발생기대본수는 목본류의 경우 1~10본/㎡, 초본류는 100~1,000본/㎡, 외래초본류는 1,000~2,000본/㎡ 수준으로 영향을 미치게 된다. 물론 현장의 환경조건과 혼합하는 종자의 특성, 그리고 혼합종 사이의 경쟁관계를 고려한다면 결과 값이 위의 표와 달라질 수는 있지만 동일 양을 배합하였을 경우 "목본류 : 초본류 : 외래조본류 = 1 : 10 : 100"의 비례 관계처럼 초기 식생피복에 영향을 미치게 된다.

따라서 파종량을 산정할 경우에는 중량비 보다는 발생기대본수를 기준으로 하는 것이 바람직하며, 이를 통해서 녹화를 통한 식생군락의 예측이 현실에 더 접근할 수 있는 것이다.

초본위주형(양잔디 위주)의 비탈면 경관

초본위주형(야생화 위주)의 비탈면 경관

초본관목혼합형의 비탈면 경관

목본위주형의 비탈면 수림화 경관

그림.4.9 식생복원 목표에 따른 식생 경관

초본류와 목본류는 동일한 공간에서 생육하게 되는 경우 상호 경쟁을 하게 된다. 시간이 오래 지나고 나서 목본류가 크게 성장한 이후에는 목본류가 월등히 우세하게 되는데, 초기 단계에서는 경쟁관계가 형성된다. 초본위주형의 배합에서는 초기에 초본류가 대부분을 차지하게 되고 따라서 중량 비율도 초본류 위주로 형성이 된다. 반면 목본위주형으로 배합할 경우 전체 중량은 낮아지지만 상대적인 비율에서 목본류의 중량이 증가하게 된다.

가장 바람직한 식생복원은 초본류와 목본류가 절절히 혼합되는 것이 좋은데, 초기에는 초본류가 먼저 우점하여 지표면을 피복하고, 장기적으로는 목본류가 생육하여 기반층 안정까지 도모하고 다층구조의 숲이 조성되는 것이 이상적이다.

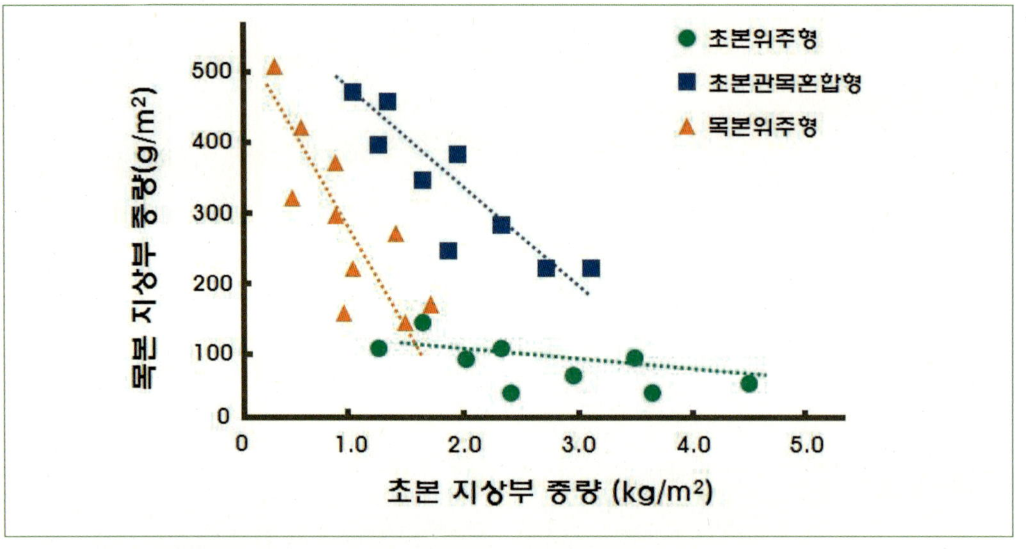

그림.4.10 식생복원 목표에 따른 초본류와 목본류의 중량 비교 개념도

종자배합에 있어서는 초본류와 목본류의 관계를 잘 고려하여 배합을 하여야 한다. 초본류만을 혼합하는 경우는 전체 파종립수가 큰 영향이 없지만 목본류의 성립을 목표로 초본류와 목본류를 혼합하는 경우에는 목본종의 혼합비율에 큰 영향을 미친다.

일반적으로 목본류는 초기단계에 정착된 개체수가 시간이 지나면서 급격히 줄어드는 경향을 보이고 있는데, 상대적으로 초본류가 많이 혼합된 경우에는 목본류의 쇠퇴 경향이 빠르게 나타난다.

전체 파종립수를 3,000본/㎡ 기준으로 볼 때 시공 초기에는 100~300본/㎡이 생육하게 되지만, 시공 1년 정도가 경과하게 되면 그 수는 10~30본/㎡ 수준으로 감소하게 된다. 반면 파종립수를 8,000본/㎡로 할 경우 목본의 초기 성립개체수는 100~400본/㎡로 높게 나타나지만 시공 1년 정도가 경과한 시점에서는 급격히 쇠퇴하여 2~3본/㎡ 정도만 남게 된다. 이는 목본류가 초본류와의 경쟁에서 밀리기 때문인 것이며, 목본류의 성립을 위해서는 전체 파종량을 적절히 조절하는 것이 필요하다.

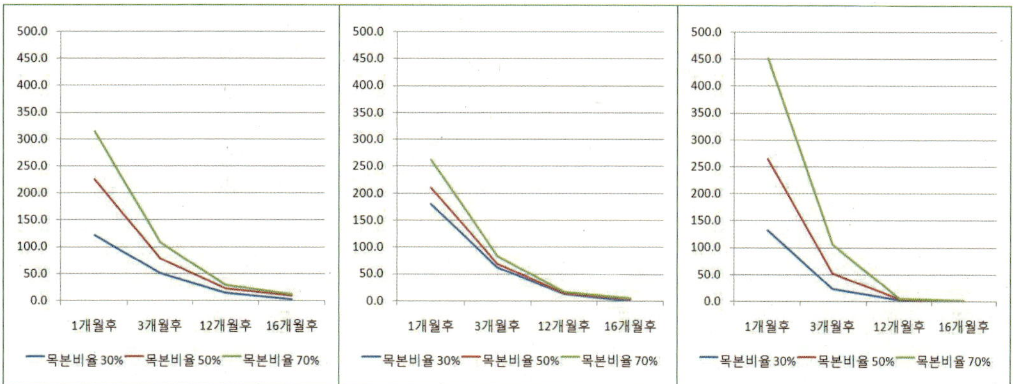

(A) 파종립수 3,000본/㎡ (B) 파종립수 5,000본/㎡ (C) 파종립수 8,000본/㎡

그림.4.11 파종립을 기준으로 할 때 목본 성립본수의 변화 모식도

파종배합 비율은 식생복원 목표에 따라서 달라진다. 초본위주형의 경우에는 총 발생기대본수를 5,000본/㎡ 이상으로 하며, 지피피복용 식물의 비율을 높게 하는 것이 좋다. 반면 목본위주형의 경우 목본류만을 배합하게 되는 경우 초기 피복효과가 떨어지기 때문에 초본류와 적절히 혼합하는 것이 좋다. 이때 초본류의 발생기대본수는 2,000본/㎡ 수준으로 하며, 목본류의 발생기대본수를 500본/㎡ 정도로 배합하여야 목본류의 성립을 기대할 수 있다.

표 4.7에 있는 배합기준은 초기 발생기대본수를 기준으로 조정한 것이며, 식생복원의 목표 중에서 초기 피복안정 또는 야생화류에 의한 경관 개선을 목표를 할 경우에는 배합비율을 조정하는 것이 바람직하다. 또한 기존의 종자배합은 대부분 무게를 중심으로 한 중량비율이 적용되는 경우가 있는데, 중량비에 대한 기준은 종자의 특성(입수, 발아율, 순도 등)에 따라서 달라지므로 현장의 특성 및 적용하는 공법에 따라서 조정하는 것이 좋다.

표.4.7 식생복원 목표에 따른 발생기대본수(본/㎡)

구 분		초본위주형	초본관목혼합형	목본위주형
초본류	지피피복용	2,500~3,500	1,000~2,000	1,000~2,000
	경관용	500~1,500	1,000~2,000	300~700
	소계	5,000	3,000	2,000
목본류	관목류	50~100	200~300	300~500
	교목류	0~20	30~80	50~100
	소계	100	300	500

종자배합은 식생복원 목표뿐만 아니라 녹화공사 시행 시기에 따라서도 달라진다. 우리나라 중부지방을 기준으로 할 때 초본위주형은 3~6월, 9~11월이 파종 적기가 되지만, 목본위주형의 경우는 파종 적기가 4~5월로 제한이 되는 경우가 있다.

따라서 혼합하는 종자의 발아시기를 고려하여야 하며, 상대적으로 초본류의 발아 속도 및 초기 피복속도가 높다는 것을 고려할 때 시공시기에 따른 종자배합의 비율은 신중히 결정할 필요가 있다. 특히 시공 부적기일 경우에는 무리한 식생복원 목표를 달성하기 위한 식생배합은 실패할 우려가 있으므로, 시공시기 및 식생복원 목표를 동시에 고려하여야 한다.

표.4.8 식생복원 목표에 따른 파종 적기

식생복원 목표	파종 시기												비고
	1월	2월	3월	4월	5월	6월	7월	8월	9월	10월	11월	12월	
초본위주형	부적합	가능	적합	적합	적합	적합	가능	가능	적합	적합	적합	가능	우리나라 중부지방 기준임
초본관목혼합형	부적합	가능	적합	적합	적합	가능	가능	가능	적합	적합	가능	부적합	
목본위주형	부적합	부적합	가능	적합	적합	가능	부적합	부적합	가능	가능	부적합	부적합	

■ 적합 ■ 가능 ■ 부적합

식재

식생복원의 목표를 수림화, 즉 목본에 의해 다층구조의 숲을 조성하는 것으로 볼 때 종자 파종만으로는 목표를 달성하기가 어려운 경우가 있다. 목본은 파종할 경우 초기 성장이 느리기 때문에 초본류에 피압되는 경우가 있다. 이를 방지하기 위하여 목본을 식재하여 녹화하는 방식이 사용되고 있다. 식물을 식재하는 방법은 종자 파종에 의해 녹화를 달성하기 어려울 경우에 적용한다. 특히 초기 성장이 상대적으로 느린 수종들은 경쟁력 확보를 위해서 식재하기도 한다.

비탈면에 수목을 식재하는 방법으로서 토사 비탈면인 경우에는 묘목을 사용하여 쉽게 식재할 수 있을 것이다. 반면 암반 비탈면의 경우 적용이 어려워지며, 비탈면위에 새집모양의 식재구를 조성하고 수목을 식재하는 방법, 차폐의 목적으로 비탈면 하단이나 소단부에 수목을 식재하는 방법이 사용된다. 한편 암비탈면을 차폐하기 위한 덩굴식물 식재 방법 등이 사용되기도 한다.

식물을 식재할 때에는 원활한 식물활착과 생장을 위해 양질의 토양개량재를 혼합하는 것이 바람직하다. 최근에는 식재용 수목으로 일반 묘목보다 포트(pot)에서 재배한 용기묘를 사용하는 경우도 있다. 그리고 비탈면에서 식재할 수목은 바람에 의한 전도 피해 등을 고려할 때 너무 키가 크지 않은 수목을 도입하는 것이 바람직하다.

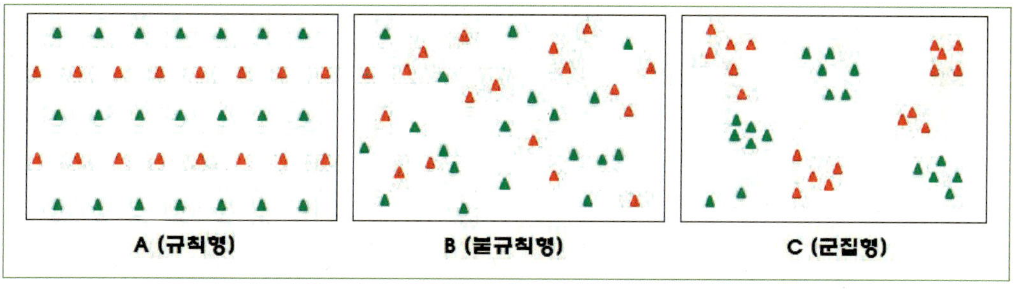

그림.4.12 식생복원 계획에 따른 식재도입 방법

수목식재에 의한 수림화를 도모할 때에는 기능적인 면 외에 생태적, 경관적 측면을 고려해야 한다. 그리고 녹화 목표에 따라서 식재방법도 다양하게 적용하는데 조기 성장을 유도하여 식생피복도를 높이고자 할 때 일정 간격으로 식재하거나(A형), 자연의 상황과 유사하도록 임의로 배치하거나(B형), 불규칙한 군집 식재방법을 적용하여 자연적으로 다양한 식물종이 조화되도록 하는(C형) 방식을 이용할 수 있다.

특수한 목적을 위해서는 훼손된 지형 복원과 함께, 파종과 식재 방법을 병행하기도 한다. 이를 위하여 현지 산림조사를 바탕으로 원식생 복원을 위한 군집형의 설계를 하고, 주변에서 얻는 종자 및 묘목을 이용하여 식재수목을 확보하고, 이를 현장에 적용한 사례가 있는데 일률적인 설계가 아닌 이질적인 설계를 통하여 원상태의 산림에 근접한 식생복원이 되도록 시도한 것으로 평가된다.

수목 식재를 위한 설계 | 시공 전 | 복원 과정

그림.4.13 현지 식물자원을 활용한 복원사례(일본 청수사 사례)

한편 비탈면 조건에 무리하게 식재를 하지 않고 비탈면 하단부나 소단에 차폐용 수목을 식재하기도 하는데, 이 수목들이 생장하여 비탈면을 차폐하는 용도로 사용하는 것이다.

또한 덩굴식물을 식재하여 비탈면 전면부를 차폐하는 방법도 있다. 과거에는 칡을 사용하였던 경험이 있으나, 칡의 경우 너무 잘 자라서 주변으로 확산되기도 하고, 다른 식물을 피압시키는 문제가 있으므로 최근에는 사용을 억제하고 있다.

덩굴식물 중에는 등나무와 담쟁이덩굴이 가장 널리 사용되고 있다. 담쟁이덩굴은 흡착판이 있어서 비탈면에 뿌리를 붙이고 자랄 수 있으나, 등나무의 경우 유인줄을 설치해주어야만 그것을 감고 올라가게 된다. 생장속도는 등나무가 상대적으로 빠른데 약 10m 높이의 비탈면을 피복하는데 등나무의 경우 3~5년 정도가 소요되며, 담쟁이덩굴의 경우 그 보다 시간이 조금 더 필요한 것으로 알려져 있다.

담쟁이덩굴에 의한 수직벽 녹화 | 등나무에 의한 암반비탈면 녹화

그림.4.14 덩굴식물 식재에 의한 녹화

기계 시공

녹화공법을 선정할 때에는 녹화대상 비탈면의 조건을 면밀히 검토하여야 한다. 토사비탈면의 경우 식물이 생장할 수 있는 토양이 있으며, 경사조건이 완만하여 초본부터 목본까지 다양한 식물을 적용할 수 있다. 반면 암반쪽으로 갈수록 경사가 급해지고 인위적으로 식생기반을 두껍게 조성해주어야 하며, 적용 가능한 식물도 제한된다.

국토해양부에서는 토질특성과 경사도 조건에 따라서 녹화공법을 선정하는 절차를 제시한 바 있다. 각 토질조건에 적합한 공법은 한 가지가 아니라 다양한 것이 있으며, 현장 특성에 맞게 시공두께나 적용방법을 달리 할 수 있다.

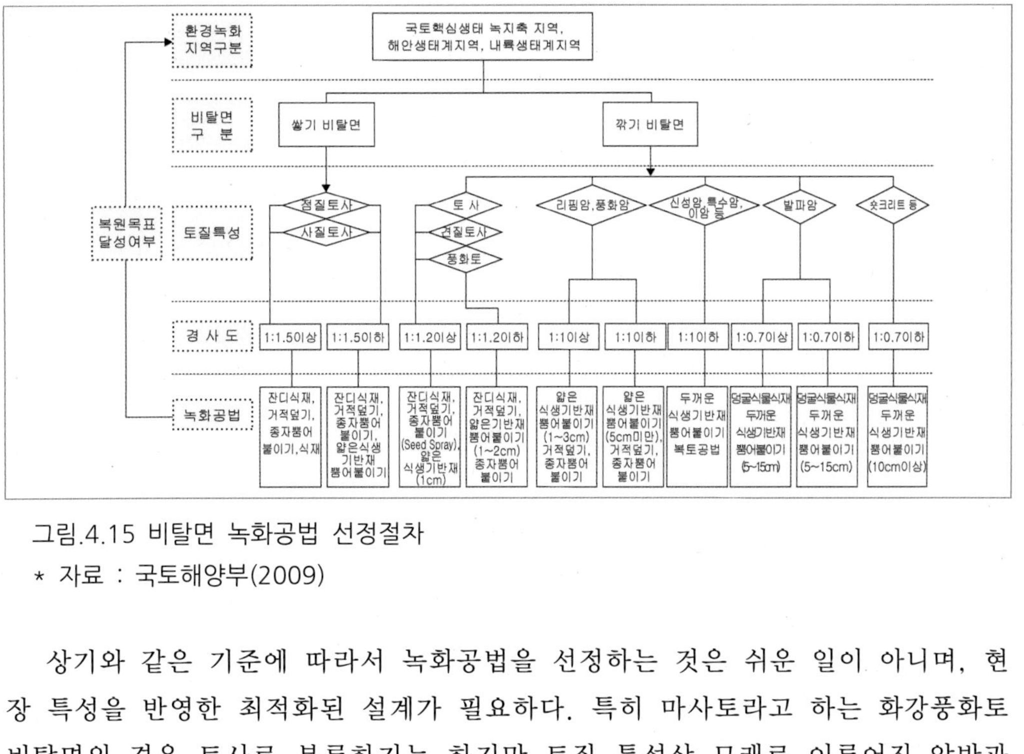

그림.4.15 비탈면 녹화공법 선정절차
* 자료 : 국토해양부(2009)

상기와 같은 기준에 따라서 녹화공법을 선정하는 것은 쉬운 일이 아니며, 현장 특성을 반영한 최적화된 설계가 필요하다. 특히 마사토라고 하는 화강풍화토 비탈면의 경우 토사로 분류하기는 하지만 토질 특성상 모래로 이루어진 암반과 같은 특성을 가지고 있기 때문에, 단순히 종자뿜어붙이기공법만으로는 녹화가 어려워서 신중히 접근할 필요가 있다.

다음은 각 토질 특성별로 녹화공법 선정시 중점적으로 검토해야 할 사항과 식생복원 목표, 식생기반층 조성 두께에 대하여 정리한 것이다. 시공두께는 토질별로 정해진 것이 아니라 적용 가능한 범위 내에서 최적의 방법을 찾는 것임을 명심해야 하겠다.

표.4.9 토질조건 별 녹화공법 검토

구분	성토토사	절토토사	마사토	풍화/리핑암	발파암
중점 검토 사항	모래 및 자갈 함량 표면침식 우려 배수 체계 구성 건조 피해 우려	점토 함량 표면침식 우려 용출수 발생 지점 배수 체계 구성 건조 피해 우려	표층부 풍화 정도 건조 피해 우려 식물뿌리 침투 가능여부	표층부 풍화 정도 요철 형성 절리 발달 면고르기 상태	요철 형성 절리 발달 역경사 지점
적용 식생	초본류, 관목류, 교목류	초본류, 관목류, 교목류	초본류, 관목류	초본류, 관목류	초본류
적용 공법	잔디 식재 종자뿜어붙이기 거적덮기 식생네트 (매트, 자루) 수목 식재	잔디 식재 종자뿜어붙이기 얇은식생기반재 뿜어붙이기 코이어네트 덮기 식생네트 (매트, 자루)	잔디 식재 얇은식생기반재 뿜어붙이기 코이어네트 덮기 식생네트(매트)	얇은식생기반재 뿜어붙이기 두꺼운식생기반재 뿜어붙이기	두꺼운식생기반재 뿜어붙이기 덩굴식물식재 소단부 차폐식재

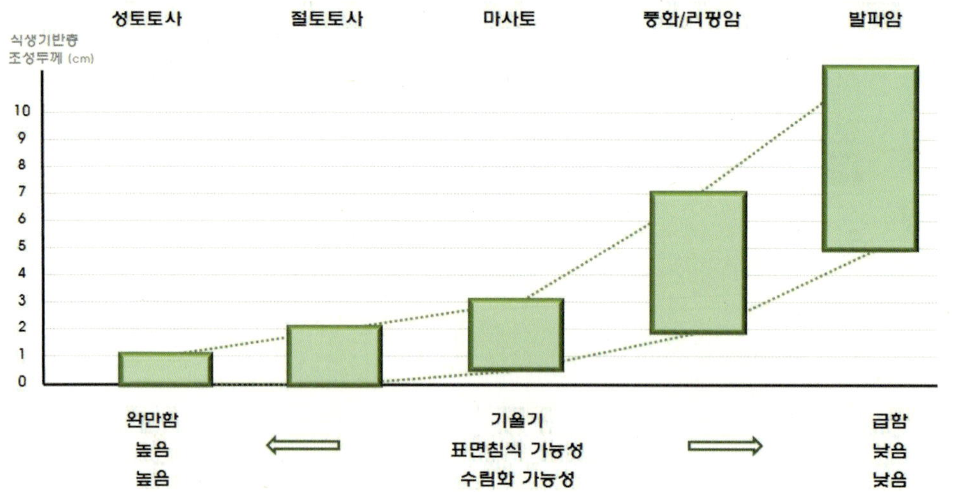

비탈면 녹화를 위하여 종자를 파종하는 방법으로 기계화시공이 널리 이루어지고 있다. 이중 종자뿜어붙이기공법은 주로 토사에서부터 리핑암 비탈면 일부까지 적용하며, 식생기반재뿜어붙이기공법은 토질조건에 제약을 받지 않으며 급경사 발파암 비탈면까지 적용할 수 있다. 종자뿜어붙이기공법은 주로 토사조건이면서 식생기반재료가 비탈면에 잘 부착될 수 있는 경사조건에 적용하게 되지만, 식생기반재뿜어붙이기공법은 경사가 심한 암비탈면에 적용하는 경우가 있으므로 식생기반의 부착을 위하여 섬유망이나 기초철망을 설치하고 그 위에 식생기반재를 뿜어붙이는 방식을 사용한다.

종자뿜어붙이기공법은 물과 혼합된 재료를 시공면에 고르게 분사파종하기 위해 분사식 뿜어붙이기 방식을 사용하며, 식생기반재뿜어붙이기 방식에서는 얇은층의 경우 분사식 방식을 이용하지만 두꺼운층 뿜어붙이기 방식에서는 다량의 재료를 한 번에 뿜어 붙여 줄 수 있는 공기 압밀식 시공방식이 주로 사용된다. 2가지 방법은 시공 효율, 취부두께 등에 대하여 각각의 장단점을 가지고 있기 때문에 녹화대상 비탈면의 토질, 경사, 방위 등의 요인을 고려하여 적절한 방법을 선택하도록 한다.

다음은 일반적인 얇은 식생기반재 뿜어붙이기(일명 종자뿜어붙이기 방식)공법과 두꺼운 식생기반재 뿜어붙이기공법의 현장 시공순서를 비교한 자료이다.

표.4.10 뿜어붙이기 방식의 녹화시공 순서

항목	얇은 식생기반재 뿜어붙이기		두꺼운 식생기반재 뿜어붙이기	
	사진	내용	사진	내용
비탈면 정리		• 뜬돌, 지장물 제거 • 잡풀 제거 • 인력 또는 기계 작업		• 뜬돌, 지장물 정리
네트/철망 설치		• 재료의 고정을 위하여 네트류(볏짚거적, Coir net, Jute net, 천연섬유망 등) 설치 • 네트 고정을 위한 고정핀 설치		• 섬유망 또는 기초철망(PVC 능형망, 아연도금망 등) 설치 • 철망 고정을 위한 앵커핀, 착지핀 설치
시공 준비		• 시공을 위한 재료 혼합 • 습식(분사식)의 경우 식생기반 조성용 재료(종자 포함)를 취부기 장비에 물과 같이 투입하여 교반함		• 시공을 위한 재료 혼합 • 건식(공기압밀식)의 경우 혼합기, 공기압축기, 크레인, 컨베이어 등의 장비로 조합 • 컨베이어를 통해 혼합기에 재료 투입
기반 조성		• 설치된 네트 위에 녹화재료를 분사식으로 시공 • 물과 혼합된 종자는 펌프 압력에 의해 비탈면에 뿜어 붙여짐 • 필요에 따라 종자를 차별적으로 혼합해 취부		• 설치된 기초철망 위에 녹화재료를 공기압밀식으로 시공함 • 식생기반재료와 종자는 별도로 혼합되어 압축공기에 의해 비탈면에 뿜어 붙여짐 • 필요에 따라서는 분사식과 병행하여 다층 뿜어붙이기를 하기도 함

비탈면 녹화공사는 식물체를 이용하는 것이므로 시공시기에 따른 영향을 많이 받는다. 일평균 기온이 10~25℃가 녹화공사를 위한 적기로 보고 있으며, 25℃ 이상일 때에는 고온 건조하여 해를 받기 쉬우므로 혹서기 시공은 가급적 피하도록 한다. 일평균 기온이 10℃ 이하에서는 동상에 의한 건조의 위험과 붕락, 작업 효율성 저하 및 작업자의 안전성 등을 고려하여 시공여부를 결정하도록 한다.

비탈면 녹화시공은 경사조건에서 시행하는 경우가 대부분이기 때문에 안정성 확보가 중요하므로 반드시 안정장비를 착용하고 시공하도록 한다.

식생 유도

종자를 직접 파종하거나 식재하는 방법 외에 식물이 정착될 수 있도록 유도하는 방법이 있다. 이 방법은 표토 내에 있는 매토종자를 활용하는 방법으로 seedbank를 활용한 식생복원녹화 방법이라고 할 수 있다. 표토내에는 다양한 종자가 포함되어 있으며, 천이의 단계를 거쳐 자연스럽게 현지에 적합한 식물종이 정착된다고 볼 수 있다.

녹화에 사용할 표토의 확보가 매우 중요한데 녹화를 위해 새로운 곳을 표토의 채취하는 것은 또 다른 훼손이 되므로, 이를 고려하여 가능한 곳에서 채취하도록 한다.

표토를 사용할 때에는 사전 조사가 필요한데, 표토 내에 활력 있는 종자를 파악하고, 표토를 이용하였을 때 녹화를 예측할 수 있어야 한다. 그러나 현실적으로 자원의 확보 및 녹화효과 예측이 어렵기 때문에 특수한 곳, 생태적으로 중요하다고 판단이 되는 곳에 선별적으로 적용하는 것이 바람직하다.

또한 표토는 녹화공사에 적용하기 위해 현지 채취종자와 같이 준비단계가 필요하다. 채취된 표토는 실험을 거쳐서 어느 정도의 종자원이 혼합되어 있는지를 파악할 필요가 있으며, 파악된 결과를 녹화공사에 반영하도록 한다.

표토를 활용하는 방법에는 채취된 표토를 교란 없이 그대로 대상지에 덮어주는 방식에서부터, 채취된 표토를 식생기반재료와 혼합하여 시공하는 방법이 있다. 채취된 표토를 그대로 활용하는 방법은 원 식생을 교란시키지 않고 그와 유사하게 식생조성이 될 가능성이 높다는 장점이 있다. 반면 표토를 다른 재료와 혼합하거나 또는 매토종자원이 부족하여 다른 종자와 혼합할 경우 상호간의 경쟁관계를 고려해야 하기 때문에 향후의 녹화결과를 예측하기가 어려워진다. 일반적으로 소규모 시공에서는 표토를 그대로 덮어주는 방법을 사용하며, 대면적 시공일 경우 표토를 식생기반재에 혼합하여 사용하기도 한다.

그림.4.16 표토 및 준설토를 활용한 녹화 사례(일본 타카야마댐)

Chapter

5 모니터링 및 관리

5. 모니터링 및 관리

5.1 모니터링

모니터링은 계획한 목표대로 식생복원이 이루어지는 지를 현장에서 조사하는 것이다. 모니터링은 녹화공사의 성패를 평가하는데 있어서 기본이 되며, 범위, 방법, 매개변수 등의 의미 있는 정보를 얻기 위한 중요한 일이다. 모니터링은 효과를 평가하고 잘못된 점을 수정할 수 있는 기회를 제공해주기 때문에, 시공 전부터 시공 이후까지 수년간 지속적으로 수행하여야 한다.

식생복원녹화 현장에서의 기본적인 조사항목에는 지형, 지질, 경사도, 울폐도, 수관폭, 흉고직경, 수종 및 식생대 등이 있다. 현장 조사에는 상당한 시간과 노력이 투입되어야 하겠지만 현장에서 얻은 자료는 향후 녹화업무에 귀중한 자료로 활용될 수 있을 것이다.

식생복원녹화 계획을 수립할 때에는 자생식물을 이용한 녹화의 목적을 구체화하고, 측정 가능한 목표를 제시할 수 있어야 한다. 특히 정성적인 지표 외에 정량적인 목표치를 제시함으로써 식생복원의 과정을 정량적으로 비교 분석하는 것이 가능해질 수 있다. 모니터링은 또한 순응적관리의 중요한 요소이다. 순응적관리는 식생복원 목표를 달성하는데 있어서 중간 과정 등을 평가하고 방향을 바로잡는 역할을 할 것이다.

통계적인 방법이 필요할 때에는 표본 추출과 자료수집 방법, 매개변수들의 분석방법 등이 사용되며, 이를 이용하여 토양 피복, 식생 피복, 출현 식물, 식물 밀도, 식물 생장 등을 조사하고 평가하도록 한다.

자생식물에 의한 훼손지나 비탈면 녹화는 현재 연구 및 현장 적용이 시작되고 있는 분야이다. 이 분야에 전념하고 있는 전문가들은 녹화의 성공과 실패에서 경험을 얻고, 지식을 발전시켜 나가야 할 것이다. 특히 자생식물을 이용한 식생복원녹화 공사 이후에는 전문적이고 객관적인 모니터링을 통해서 관련된 자료를 축적해 나가야 할 필요성이 있다.

표.5.1 비탈면 식생군락 조사표(예)

조사지(주소)				도폭	
지형	산정상 ( ), 산능선( ), 산계곡( ), 평지( )			표고	
토성		지질		방위	
경사도		기온		강수량	

전체피도		우점종	
Ⅰ. 교목층		수관폭	
Ⅱ. 아교목층		수관폭	
Ⅲ. 관목층		흉고직경	
Ⅳ. 초본층		초폭	
Ⅴ. 이끼층		피도	

조사구	종수	군락도					수 종
1		S	L	D	S	V	
2							
3							
4							
5							
6							
7							
8							
9							
10							
11							
12							
13							
14							
15							

현장 도면	정면도	측면도
비고		

표.5.2 훼손지 유형에 따른 현장 조사 사례

훼손지 유형(양적 측면 조사)							양구-7
조사지역	조사지명	미시령휴게소			조사일	2015년 08월 08일	
조사지역	위치 주소	강원도 양구군 토성면 권암리 산1-1					
조사지역	위치 좌표	위도 38° 12′ 52.84″		경도 128° 26′ 52.84″		고도 779 m	
도면		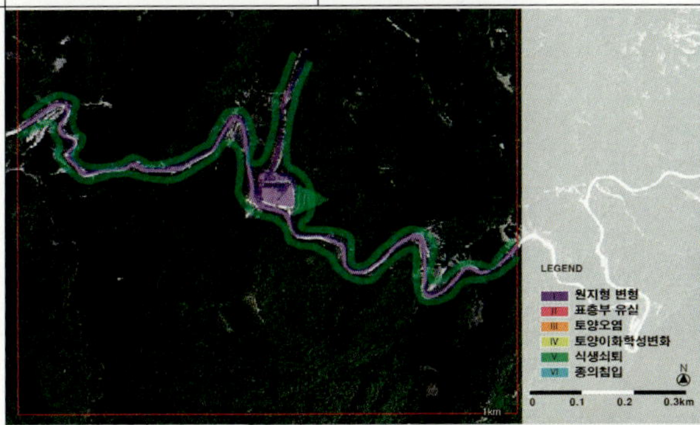				 	
훼손 특징		원지형 훼손, 휴게소 뒤편으로 비탈면의 무너짐 발생 상부 등산로가 확대되면서 표면유실 발생					
주변 식생 구조 및 생물종		참나무림 우점 식생구조 : 2층의 다층구조 주차장 및 비탈면 : 쑥, 칡, 코스모스, 싸리 등 (녹화공사에 의한 식생이 우점)					
위협요인		추가적인 산사태 위험(암반지형), 지속적인 관광객 유입					
주변 토지이용 (생태계 유형 등)		주차장 및 도로, 훼손지 반경 20~30m 식생쇠퇴가 이루어지고 있음					
훼손 유형		Ⅰ 원지형 변형	Ⅱ 표층부 유실	Ⅲ 토양오염	Ⅳ 토양이화학성변화	Ⅴ 식생 쇠퇴	Ⅵ 식생훼손
훼손 면적	면적	17,585㎡	21,912㎡	0	0	32,699㎡	0
훼손 면적	비율	24.3%	30.4%	0	0	42.3%	0
훼손 면적	합계	72,196㎡(전체 면적 대비 0.7% 훼손)					
훼손 원인	자연적	1. 종의 손실 및 침입	2. 강우, 바람, 중력에 의한 토양침식	3. 태풍, 호우, 해일, 지하수위 변동		4. 산불	
훼손 원인	인위적	5. 도로 및 철도	6. 산불	7. 농업활동		8. 군사시설 및 군사활동	
훼손 원인	인위적	9. 개발사업	10. 정비사업	11. 인간행위		12. 2차 훼손	
비고							

* 자료 : 환경산업선진화기술개발사업(DMZ 일원 훼손지역의 자생종 활용 생태복원기술 개발 연구과제)의 결과를 요약한 것임

표.5.2 계속

<table>
<tr><td>유형</td><td colspan="3">평가 항목</td><td colspan="5">평가 결과</td></tr>
<tr><td rowspan="5">원지형 변형</td><td rowspan="3">① 훼손 부피(=토공량)</td><td colspan="2">훼손 면적</td><td colspan="5">17,585㎡</td></tr>
<tr><td colspan="2">훼손 깊이</td><td colspan="5">3m</td></tr>
<tr><td colspan="2">훼손 부피</td><td colspan="5">26,380㎥</td></tr>
<tr><td>② 경사도</td><td colspan="2">경사도</td><td colspan="5">60 °</td></tr>
<tr><td>③ 비탈면 발생 면적</td><td colspan="2">비탈면의 면적</td><td colspan="5">17,585㎡</td></tr>
<tr><td rowspan="4">표층부 유실</td><td>① 훼손 깊이</td><td colspan="2">훼손 깊이</td><td colspan="5">300 cm</td></tr>
<tr><td rowspan="2">② 비탈면 길이, 경사도</td><td colspan="2">비탈면 길이</td><td colspan="5">2,000m</td></tr>
<tr><td colspan="2">경사도</td><td colspan="5">30°</td></tr>
<tr><td>③ 식생피복 정도</td><td colspan="2">식피율</td><td colspan="5">0%</td></tr>
<tr><td rowspan="5">토양 오염</td><td rowspan="2">① 환경오염유발시설
(반경 0.5km 내)</td><td colspan="2">오염유발시설 유무</td><td colspan="5">유 / 무</td></tr>
<tr><td colspan="2">오염유발시설 개수</td><td colspan="5">개</td></tr>
<tr><td rowspan="2">② 토양오염 징후 확인
(오염원에 의한 피복, 얼룩, 균열 등을 확인)</td><td colspan="2">토양오염 징후</td><td colspan="5">유 / 무</td></tr>
<tr><td colspan="2">훼손 흔적 특징(서술)</td><td colspan="5"></td></tr>
<tr><td>③ 토양오염 관리대상 시설 설치 장소 및 오염물질 보관상태</td><td colspan="2">설치장소 및 오염물질 보관상태 (서술)</td><td colspan="5"></td></tr>
<tr><td rowspan="8">토양 이화학성 변화</td><td rowspan="2">① 토지이용</td><td colspan="2">토지이용 현황</td><td colspan="5">① 시가화·건조지역 ② 농업지역 ③ 산림지역
④ 초지 ⑤ 습지 ⑥ 나지 ⑦ 수역</td></tr>
<tr><td colspan="2">세부 토지이용(서술)</td><td colspan="5"></td></tr>
<tr><td rowspan="2">② 토양 물리성
(경도, 토성)</td><td colspan="2">경도</td><td colspan="2">㎜</td><td colspan="3">kg/㎠</td></tr>
<tr><td colspan="2">토성</td><td colspan="5">암반</td></tr>
<tr><td rowspan="4">③ 토양 화학성
(pH, 전기전도도)</td><td colspan="2">pH(산성〈7.0중성〈염기성)</td><td colspan="5"></td></tr>
<tr><td rowspan="3">전기전도도</td><td>구분</td><td colspan="2">수분(%)</td><td colspan="2">전기전도도(EC)</td><td>온도(℃)</td></tr>
<tr><td>표토</td><td colspan="2"></td><td colspan="2"></td><td></td></tr>
<tr><td>심토</td><td colspan="2"></td><td colspan="2"></td><td></td></tr>
<tr><td rowspan="8">식생 쇠퇴</td><td>① 훼손 면적</td><td colspan="2">훼손 면적 비율</td><td colspan="5">표층부 유실 면적의 20~30m로 비율 산정%</td></tr>
<tr><td>② 병충해</td><td colspan="2">피해 흔적</td><td colspan="5">유 / 무</td></tr>
<tr><td rowspan="6">③ 층위별 종분포
(우점도)</td><td rowspan="6">조사구 계층구조</td><td>수관층(m)</td><td>우점분류군</td><td>식피율(%)</td><td>평균높이(m)</td><td>흉고직경(cm)</td><td>출현종수</td></tr>
<tr><td>교목층(〉 8m)</td><td>참나무류</td><td>30</td><td>7~10</td><td></td><td></td></tr>
<tr><td>아교목층(2~8m)</td><td></td><td></td><td></td><td></td><td></td></tr>
<tr><td>관목층(0.8~2m)</td><td>싸리</td><td></td><td></td><td></td><td></td></tr>
<tr><td>초본층(〈 0.8m)</td><td>코스모스, 쑥, 칡, 싸리</td><td></td><td></td><td></td><td></td></tr>
<tr><td colspan="6"></td></tr>
<tr><td rowspan="5">종의 침입</td><td rowspan="2">① 외래종 침입 비율</td><td colspan="2">위해종 수</td><td colspan="5"></td></tr>
<tr><td colspan="2">위해종 비율</td><td colspan="5"></td></tr>
<tr><td>② 출현한 종의 수</td><td colspan="2">출현종 수</td><td colspan="5"></td></tr>
<tr><td rowspan="2">③ 자생종 서식 비율</td><td colspan="2">자생종 수</td><td colspan="5"></td></tr>
<tr><td colspan="2">자생종 비율</td><td colspan="5"></td></tr>
</table>

표.5.3 훼손지 유형별 모니터링 평가표(원지형 변형 초기단계 평가기준 사례)

기본정보	사업제목					평가결과							
	조사구 번호												
	사업지 위치					평가점수 1							평가점수2
	조사자					(중요도 x 평가배점)							(평가점수1 X 가중치)
구분	가중치	소분류	평가지표	중요도	평가 배점	-3	-2	-1	0	1	2	3	
토양환경	0.402	토양 물리성	지반 물리적 안정성 (탈락/붕괴 지점 개수)	3	직전 평가 대비 30%미만(1) 30~80%(0) 80이상(-1)								
			토양공극률(㎥/㎥)	3	0.5이상(1) 0.4~0.5(0) 0.4미만(-1)								
			복원지 경사도(평균)	2	30도이하(1) 30~60(0) 60초과(-1)								
			토심	3	100cm이상(1) 50~100(0) 50미만(-1)								
			토양경도(산중식)	3	11~23mm(1) 23~27(0) 11미만/27초과(-1)								
			낙엽층 두께	2	주변 자연림 대비 80%이상(1) 80~30(0) 30미만(-1)								
			토성	3	사질양토/미사질양토(1) 나머지(0) 사토/식토(-1)								
			토양습도	2	0.5~5%(1) 5~8(0) 0.5미만/8초과(-1)								
			석력함량	2	10~20%(1) 5~10/20~50(0) 5미만/50초과(-1)								
		토양 화학성	양이온치환용량	2	20Cmol/kg이상(1) 6~20(0) 6미만(-1)								
			유기물함량	2	5%이상(1) 3~5(0) 3미만(-1)								
			질소함량	2	0.12%(1) 0.06~0.12(0) 0.06미만(-1)								
			유효인산함량	2	200mg/kg이상(1) 100~200(0) 100미만(-1)								
			pH	2	5.5~7(1) 7~8(0) 5.5미만/8이상(-1)								
식생 생장 및 구조	0.209	목표종 관리	목표종 개체수 및 상태	3	목표치 대비 90%이상(1) 80~90%(0) 80%미만(-1)								
		식생천이	퇴행천이 여부 (층위별 우점도 참고)	2	직전 평가 대비 양호(1) 보통(0) 불량(-1)								
		출현종 수	출현종 수	2	목표치 대비 자생종 - 80%이상(1) 60~80%(0) 60%미만(-1) 위해종 - 1개미만(1) 1~2개(0) 3개이상(-1) 법적보호종 - 80%이상(1) 60~80%(0) 60%미만(-1)								
		종 다양도	샤논 지수	2	주변 자연림 대비 90%이상(1) 70~90%(0) 70%미만(-1)								
		중요도	종별 밀도/빈도/피도 합	2	주변 자연림 대비 80%이상(1) 80~30(0) 30미만(-1)								
		층위별 출현종수	층위별 종별 우점도	2	목표치 대비 80%이상(1) 60~80%(0) 60%미만(-1)								
		수관폭 (수관반경)	수종별 평균수관폭 (장축, 단축 측정)	2	직전 평가 대비 120%이상(1) 80~120(0) 80미만(-1)								
		수직적 구조	교목/아교목/관목/ 초본 층위 개수	1	4개이상(1) 2~3개(0) 1개이하(-1)								
		흉고직경 (근원경)	수종별 평균직경(흉고직경 3cm미만: 근원경측정)	2	직전 평가 대비 120%이상(1) 80~120(0) 80미만(-1)								
		수고(초고)	수종별 평균수고	2	직전 평가 대비 120%이상(1) 80~120(0) 80미만(-1)								
생육환경	0.225	생육지 면적	복원지 면적	3	사업 면적 대비 90%이상(1) 80~90%(0) 80%미만(-1)								
		유사도지수	군락 종류 및 빈도	3	주변 자연림 대비 80%이상(1) 60~80%(0) 60%미만(-1)								
		생육지 교란	식해, 물리적 상해 면적	2	대상지 면적 10%미만(1) 10~30%(0) 30%이상(-1)								
		특수 생육조건	절벽, 습지 등의 개소수	2	목표치 대비 90%이상(1) 80~90%(0) 80%미만(-1)								
		입지다양성	지형요철 개수	3	주변 자연림 대비 90%이상(1) 80~90%(0) 80%미만(-1)								
		병충해	병충해 발생 유무	1	1개체 미만(1) 1~2개체(0) 3개체 이상(-1)								
경관 구조 및 기능	0.163	경관연속성	연결성 지수	3	직전 평가 대미 90%(1) 80~90%(0) 80%미만(-1)								
			주변 경관과의 어울림 정도	3	주변 경관과의 어울림 정도 상(1) 중(0) 하(-1)								
			경관형태지수 (Landscape shape index)	3	직전 평가 대비 100%이상(1) 80~100%(0) 80%미만(-1)								
		경관패치	패치 크기	3	직전 평가 대비 90%이상(1) 80~90%(0) 80%미만(-1)								
			패치 개수	3	직전 평가 대비 90%이상(1) 80~90%(0) 80%미만(-1)								
			경관다양성 샤논 지수	3	직전 평가 대비 90%이상(1) 70~90%(0) 70%미만(-1)								
			경관유사도 지수	2	직전 평가 대비 90%이상(1) 80~90%(0) 80%미만(-1)								
		경계부-주변부	가장자리 밀도 지수 (Edge density)	3	직전 평가 대비 90%이상(1) 80~90%(0) 80%미만(-1)								
			가장자리 대비 지수 (Edge contrast index)	3	직전 평가 대비 90%이상(1) 80~90%(0) 80%미만(-1)								

* 자료 : 환경산업선진화기술개발사업(DMZ 일원 훼손지역의 자생종 활용 생태복원기술 개발 연구과제)의 결과를 요약한 것임

표.5.4 훼손지 복원사업 지역의 식생모니터링 평가표(식생종합환경 조사표 사례-1/3)

사 업 명		훼손지 유형	
조사지역		조사구 번호	
조사시기	20 년 월 일	조 사 자	

1. 조사지 개황

날 씨	맑음( ), 흐림( ), 비( ), 눈( )
지 형	산정( ), 능선( ), 사면: 上( )·中( )·下( ), 계곡( ), 개활지( ), 평지( )
토 양	갈색( ), 적황색( ), 암적색( ), 회갈색( ), 화산회( ), 침식( ), 미숙( ), 암쇄( )

2. 주변 숲의 유형

산림형태	일차림( ),이차림( ),조림지( )	종구성구분	활엽수림( ),침엽수림( ),혼효림( )

3. 조사구 개황

좌 표	E S	조사구 크기	m × m
		해 발 고	m
방 위		경 사	최대 ° / 최소 °
광 량	양( ), 중( ), 음( )	군락명	군락
토양 경도	mm	토 습	건( ), 습( ), 과습( )
토양 pH		토 심	m
탈락/붕괴 지점수	건	낙엽층 두께	cm

4. 조사구 계층구조

수관층(m)	우점 분류군	식피율(%)	평균높이(m)	흉고직경(cm)	출현종수
교목층(〉8)					
아교목층(2~8)					
관목층(0.8~2)					
초본층(〈0.8)					

5. 중요한 교란유형

-자연 교란:도목( ), 산불( ), 홍수( ), 산사태( ), 초식( ), 병해충( ), 풍해( ), 낙뢰( )
-인위 교란 (유형:)

6. 기 타

* 자료 : 환경산업선진화기술개발사업(DMZ 일원 훼손지역의 자생종 활용 생태복원기술 개발 연구과제)의 결과를 요약한 것임

표.5.5 훼손지 복원사업 지역의 식생모니터링 평가표(식생종합환경 조사표 사례-2/3)

사 업 명		훼손지 유형	
조사지역		조사구 번호	
조사시기	20 년 월 일	조 사 자	

	교목층(8m 이상)				아교목층(2~8m)		관목층(2~0.8m)			초본층(0.8m 이하)		
	종 명	DBH(cm)	수고(m)	수관폭(m)	종 명	DBH(cm)	종 명	D	S	종 명	D	S
1				/								
2				/								
3				/								
4				/								
5				/								
6				/								
7				/								
8				/								
9				/								
10				/								
11				/								
12				/								
13				/								
14				/								
15				/								
16				/								
17				/								
18				/								
19				/								
20				/								
21				/								
22				/								
23				/								
24				/								
25				/								
26				/								
27				/								
28				/								
29				/								
30				/								

표.5.6 훼손지 복원사업 지역의 식생모니터링 평가표(식생종합환경 조사표 사례-3/3)

사 업 명		훼손지 유형	
조사지역		조사구 번호	
조사시기	20 년 월 일	조 사 자	

목표종 현황			식생천이 현황
수종			

D: 우점도의 계급 판정기준

우점도

5 : 식피율이 면적의 3/4(75%) 이상이고, 개체수는 임의
4 : 식피율이 면적의 1/2-3/4(50-75%)이상, 개체수는 임의
3 : 식피율이 면적의 1/4-1/2(25-50%)이상, 개체수는 임의
2 : 식피율이 면적의 1/10-1/4(10-25%)이상, 혹은 개체수 많음
1 : 개체수가 많으나 피도 낮고, 산재하나 식피율(1/10 이하)이 높음
+ : 식피율이 낮고 산재
r : 고립하여 출현하고 식피율은 극히 낮음

S: 전추정법에 의한 군도 계급 판정기준

군도

5 : 어떤 종이 조사구의 전 면적을 조밀하게 덮는다.
4 : 어떤 종이 조밀하게 덮으나 곳곳에 구멍이 뚫여 있다
3 : 어떤 종이 소상태(疎狀態)로 산재한다
2 : 어떤 종이 벼 포기 모양으로 소군상(小群狀) 생육한다
1 : 어떤 종이 단독으로 떨어져서 생육한다

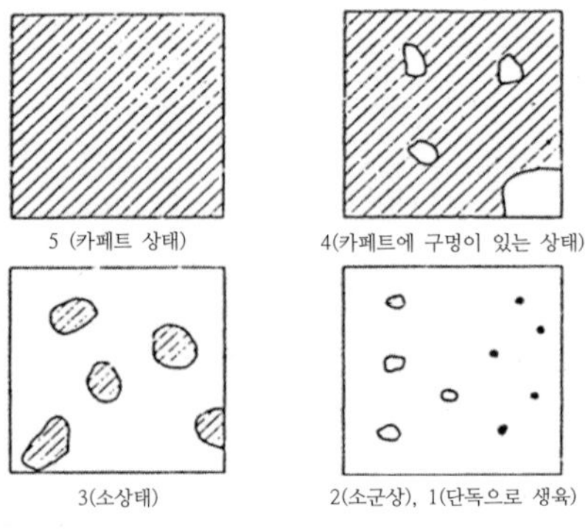

5.2 하자관리

녹화공사는 살아있는 식물을 이용하는 일이므로 시공 현장에서 식생기반이 탈락되거나 식물에 의한 녹화가 이루어지지 않는 것을 하자로 간주하고 있다. 단 시공 후 발아가 지연되거나 발아된 식물의 생장이 느리거나 하는 현상은 시공시기 및 강우조건과 밀접한 관계가 있기 때문에 섣불리 판단하지 말고 전문가와 상의하여 종합적으로 검토하도록 한다.

집중강우 및 기타 요인에 의하여 녹화를 위해 조성한 식생기반층 하부에서 발생하는 원지반 붕괴나 쐐기형 파괴 또는 상부 배수시설 불량에 의해 녹화층이 유실되었을 경우에는 녹화공사의 하자로 볼 수는 없다. 녹화공사는 안정된 비탈면 위를 식생에 의하여 피복하고 표면을 일부 안정화시키는 것이므로, 원지반 자체에서 일어나는 현상과 녹화층에서 일어나는 현상을 분리해서 검토하는 것이 바람직하다.

그림.5.1 붕괴지역의 녹화(기존에 녹화가 되었던 곳의 표층 붕괴에 따른 2차 녹화 사례)

따라서 녹화에서의 하자는 녹화사를 위하여 시공한 녹화기초공의 붕괴, 식생기반층의 탈락 및 유실, 종자의 유실 및 발아불량, 식생피복률 저하 등을 하자현상으로 구분하여 판단하여야 한다. 단 태풍이나 집중강우, 극심한 가뭄 등의 자연재해에 의한 녹화품질 저하의 현상은 별도로 검토할 필요가 있다.

식생피복 불량에 따른 원지반 노출	식생기반의 갈라짐 현상	녹화기반 유실에 따른 기초철망의 노출

그림.5.2 녹화 불량에 따른 하자

쐐기형의 부분 파괴	표면 침식 발생	대규모 산사태 발생

하부 토층의 붕괴	하부 기반붕괴에 다른 녹화층의 박리 현상	큰크리트 격자블럭 하부 토양의 유실

그림.5.3 원지반의 붕괴 및 토양유실에 따른 피해

5.3 유지관리

식생복원녹화는 비탈면이나 훼손지에 식생을 조성해주는 기술로서 조성된 식생이 자연에 방치되면 천이가 진행되어 다양한 식생군락으로 변해간다. 그 변화는 오랜 시간을 필요로 하는 것이기 때문에 계획시에는 식생천이를 고려한 장기적인 계획을 수립하는 것이 바람직하며, 녹화가 되는 과정을 중장기적으로 평가하여야 한다.

녹화는 살아 있는 생명체를 이용하는 것이므로 초기에 시공하였던 상태가 영원히 지속되는 것이 아니라 환경의 변화에 따라서 계속 변화되는 특징을 가지고 있다. 즉 녹화는 주변에서의 식생천이를 통한 안정적인 식물환경의 조성을 기본목표로 추구하는 것이므로 시공 후 비탈면 식생관리는 적절한 시기에 수행되어야 하며, 점검, 유지관리 등의 일련의 작업과정이 적절하게 진행되어야 한다.

식생의 관리는 식생복원 목표를 달성할 때 까지 시행하는 육성관리와 식생복원 목표를 달성한 이후에 수행하는 유지관리 단계로 구분할 수 있으며, 목표년도 및 목표식생은 비탈면 조건이나 녹화공사별로 다르기 때문에 현장의 특성을 고려하여 정하는 것이 바람직하다.

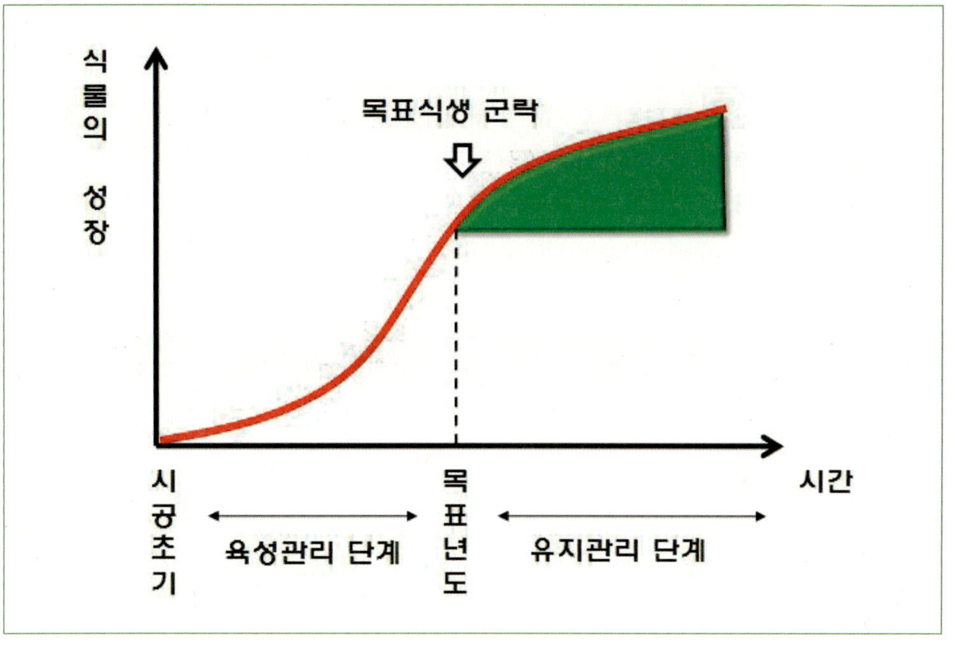

그림.5.4 식생관리 계획의 단계

녹화 시공지에서는 도입한 식물이 생태계 교란종에 의해 피압되고 고사되는 피해를 입지 않도록 유지관리기간 중에 순응적관리 등의 방법으로 관리하고, 녹화품질이 저하되거나 기반재가 이탈되는 등의 경우에는 적절하게 관리하도록 한다. 또한 식생복원 목표가 달성되도록 비탈면의 환경특성, 지역, 기후특성 등을 고려하여 멀칭, 관수, 시비, 생태계 교란종(칡, 덩굴류 등)의 제거 등 유지관리 작업을 계속적으로 시행할 필요가 있다.

그림.5.5 칡과 환삼덩굴로 뒤덮인 비탈면

식생을 도입하기 이전 단계에서 비탈면의 안정이 우선시되어야 하나 장기적인 도로 유지관리와 경관향상을 위해서는 녹화공법에 대한 식생선발의 중요성이 고려되어야 한다. 주변 산림생태계의 경우는 기본적으로 대규모 땅깎기와 같은 원지형의 변형, 토층붕괴와 교란, 지하수 차단, 식생파괴 등이 발생된 상태이므로 이를 고려하여 적절한 복구설계와 대책, 주변생태계에 대한 사전조사 등이 녹화공사 시행 전 단계에서 검토되어야 한다.

표.5.7 비탈면 녹화공사의 점검 내용

구분	내용	점검시기
일상적인 점검	• 비탈면 아래로의 낙석 혹은 토사유출 흔적 • 식생기반재의 균열 및 이탈 현상 • 흙쌓기 상부의 균열, 침하 • 식생기반 유실 흔적 • 식생 쇠퇴, 고사, 변색, 이상 번성 • 측구, 소단배수구, 종배수구에 토사, 낙엽, 마른 나뭇가지의 퇴적 및 배수구의 이상 • 구조물과 비탈면 녹화공 경계부의 이상 • 비탈면 주변의 변화 상태	상시
이상이 발생하였을 때 점검	• 비탈면 주변을 포함한 지표수, 용수 위치 • 식생기반의 미끄러져 내림, 유실 발생위치, 규모, 상태 및 확대 예측 범위 • 해충상황과 병충해 예측 범위 • 예상외의 식물 이상번성이나 동물에 의한 피해 상황 • 이상기상에 의한 식생기반 박리, 비산 등의 변화 상태나 식생 쇠퇴 상황 • 붕괴장소에 대해서는 그 규모와 확대 유무, 아래쪽으로의 영향 파악	특이사항 발생시
정기적인 점검	• 비탈면 녹화식생의 평가와 식물의 추적조사를 하며 식생의 상태를 파악 • 복원목표에 부합되도록 진행되는지 확인 • 주구성종이 파종이나 식재한 식물 중에서 우점할 때까지 조사하며, 주변에서 자연 천이가 진행되어 비탈면과 주변 상태가 변화가 없을 때까지 점검	분기 또는 일정시기별 실시

식생복원녹화공사의 유지관리 방법은 도입식물의 식생천이가 정상적으로 진행될 때까지 유지관리 방침, 식물도입방법 등을 고려하여 적절하게 선정되어야 한다. 녹화에서 식물이 영속적으로 생육하기 위해서는 식물이 뿌리를 내리고 살아가는 식생기반환경이 매우 중요하다. 이를 위해서는 다음과 같은 유지관리를 고려하여야 한다.

표.5.8 비탈면 식생의 관리 방법

항목	내용
예초	• 비탈면 식생의 높이를 조절하여 구성종을 균일화하고 천이의 진행을 억제하기 위해 시행함 • 목본종을 혼파하였거나 묘목을 식재하였을 경우 목본 생육이 지장을 받지 않도록 하기 위하여 묘목 주위 또는 키가 큰 풀만 선택적으로 제거하는 방법이 있음
제초	• 목표로 하지 않은 식물(잡초, 생태계위해종 등)을 제거하기 위하여 실시함 • 인력 시행방법과 제초제 살포 방법이 있음 • 제초제 살포는 주변 환경에 영향을 미칠 수 있으므로 신중히 적용하여야 함 • 도로 갓길 등에는 잡초 방제를 위하여 우드칩 멀칭, 잡초방제 시트(필름) 등을 적용하거나, 잡초가 발생하지 않도록 고화제 처리를 하는 방법이 있음
시비	• 비탈면의 토양 조건이 열악하므로 적정한 비료를 살포함 • 녹화용 초본을 유지하기 위해 예초를 하는 비탈면에서는 식생의 쇠퇴를 방지하기 위해 시비의 필요성이 있음 • 여름철 건조기에 과다한 비료를 사용하면 오히려 녹화용 식생에 영향을 줄 수 있으므로 시비 처리가 중요함
벌목	• 초본 군락을 유지하거나 비탈면의 안정을 저하시킬 위험성이 있는 수목을 제거하기 위하여 실시함
병충해 방제	• 비탈면의 초본이나 수목에 병충해가 발생하여 식생에 피해가 생기거나 주변에 영향을 줄 경우에 시행함 • 병충해 발생은 초기 단계에서 시행하는 것이 중요하며, 필요에 따라서 약제 산포 등을 실시함
관수	• 수분이 부족하여 비탈면에서 식물이 쇠퇴할 경우에 식물의 생장을 도모하기 위하여 실시함 • 관수 방법으로 전면관수와 부분관수가 있음 • 관수는 직사광선이 내려쬐는 한 낮은 피하도록 하며, 해가 뜨기 전 새벽이나 오전에 시행하는 것이 바람직함
추가파종 또는 식재	• 식생복원 목표에 도달하지 못하였을 경우 추가적으로 종자를 파종하거나 묘목을 식재함 • 추가파종의 경우 기존에 생육하고 있는 식생과의 경쟁 관계를 고려하여야 하며, 파종 시기 및 양을 신중하게 결정하여야 함 • 목본군락 조성을 목표로 하는 현장에 초본류를 추가 파종하는 것은 이미 생존하고 있는 목본종에 영향을 줄 수 있으므로 바람직하지 않음

도로 갓길에 무성한 잡초

도로 갓길로 식물(칡)의 침입

풀깎기 작업

우드칩 멀칭

고화제 처리

잡초방지 시트

그림.5.6 도로 성토부 잡초 관리 실험 사례

Chapter

6 시험시공

6. 시험시공

6.1 시험시공 개요

"도로비탈면 녹화공사의 설계 및 시공 지침(2009)" 은 건설공사로 인해 훼손된 비탈면의 안정성을 확보하고, 주변 자연환경을 고려하며, 미관과 경관을 향상시키고, 지속적으로 안정된 식생을 조성하며, 이산화탄소 저감에 유리한 식생구조를 갖도록 하는데 목적을 두고 있다.

이 지침은 주변 자연환경과 토질에 적합한 녹화공법 및 식물과 식생기반재 선정에 관한 비탈면 녹화설계 방법을 제시하며, 시공 전 검증절차(시험시공)를 거치도록 함으로써 부실시공을 방지하여 비탈면 식생복원 및 녹화공사의 품질향상을 유도하기 위하여 만들어졌다.

"도로비탈면 녹화공사의 설계 및 시공 지침(국토해양부, 2009)" 중에서 목적 발췌

우리나라의 비탈면 녹화공사는 아직까지 우리 실정에 적합한 설계 및 시공에 관한 기준이 없어 조기녹화에만 급급하고 외래초종(양잔디류)위주로 시공하고 있다. 훼손된 비탈면의 생태환경에 대한 분석 없이 무분별하게 녹화공법을 적용함으로써 녹화식물이 대부분 2~3년 이내에 고사되어 비탈면이 재 황폐화되는 등의 문제점이 나타나고 있다.

비탈면 녹화용 외래초종(양잔디류)은 주변 생태계로 확산될 가능성이 있고, 너무 우점하면 주변식생의 자연 침입을 방해하며, 우리나라 기후에 맞지 않으면 수 년 내에 자연도태되는 특성이 있으므로 사용에 주의가 필요하다.

앞으로 자연환경을 고려한 복원목표에 적합한 녹화공법의 설계와 시공을 유도하기 위해 일차적으로 토질분석에 의한 비탈면 안정 검토가 이루어진 상태에서 비탈면의 토질(암질)과 지역 기후와 생태적 여건 등을 종합적으로 고려하고, 주변에서 생육하고 있는 자생종(재래종) 등의 적극 활용이 필요한 실정에 있다. 외래초종(양잔디류) 위주의 녹화방법에서 과감히 탈피하기 위해 국내 실정에 맞는 「도로비탈면 녹화공사의 설계 및 시공 지침」을 마련하게 되었다.

식생기반의 토양경도 측정	비탈면 녹화 조사방형구 전경	시험시공 6개월 후 관목류 성장

그림.6.1 시험시공 현장 모니터링

6.2 시험시공 수행

비탈면 녹화공법을 적용할 현장에서는 비교공법을 시험 적용해보고, 결과에 따라서 그 현장에 맞는 최적의 공법을 선정하게 된다. 현장에서는 각 공법별 설계기준에 의거하여 시험시공을 수행하는데, 시험시공 시방서에 제시된 종자 및 재료의 정량을 사용하도록 한다. 시험시공은 반드시 동일한 환경조건하에서 수행되도록 하며, 발주기관 및 감독자가 입회한 자리에서 종자 및 재료 혼합을 실시하도록 한다.

시험시공지는 보통 토질별로 구분하여 선정하게 되는데, 가급적 동일한 조건에 조성해주는 것이 좋다. 가끔 비탈면 방위나 경사 조건이 다른 비탈면에 적용하는 경우가 있는데, 이 경우 환경조건의 차이가 녹화품질에 큰 영향을 미치게 된다. 또한 시공도 유사한 시기에(적용 공법별로 1주일 이상 차이가 나지 않도록) 적용하는 것이 좋다.

시험시공 후 유지관리에 대한 것도 현장별로 차이가 나는데, 현장의 특성상 필요할 경우 비교 공법별로 동일한 조건의 관수나 차광막을 설치하여도 될 것이다. 만약 시험시공 후 유지관리를 실시하였을 경우 공법 선정 후 본시공이 실시된 경우에도 동일한 관리를 수행하도록 하여야 할 것이다.

시험시공 평가는 그 현장에 적용할 최적의 공법을 선정하는데 그 목적이 있다. 시험시공은 품질과 경제성을 동시에 고려하는 것이 바람직하다. 품질이 일정기준 이상인 조건에서 경제성만을 기준으로 하여 녹화공법을 선정하는 것은 지침의 취지에 부합되지 않는다. 즉 경제성과 품질이 7:3 의 비율로 적용되어 있는 것이므로, 두 가지를 동시에 고려하는 것이 바람직하다.

한편 시험시공의 품질이 본 시공의 품질과 그대로 연결되는 것은 아니다. 가령 봄철에 시공을 한 후 가을철에 평가하여 늦가을에 시공을 하게 되는 경우, 동일한 공법이라도 시공시기가 다르기 때문에 녹화효과가 크게 차이가 나게 되므로 현장시공시 시공조건을 고려하여야 한다. 또한 시험시공에 적용된 종자배합을 그대로 적용하기 보다는, 시험시공 결과를 토대로 종자배합을 수정하는 것이 필요하며, 이 때 현장에 맞는 보정율을 적용하는 것이 바람직하다.

표.6.1 시험시공의 순서 및 주요 내용

항 목	내 용
1. 시험시공 계획	• 시공목적, 시공대상지, 환경조건, 복원목표 등 검토
2. 공법의 선정	• 감독자는 자연식생복원전문가 등의 자문을 통해 복원 목표에 부합되는 공법 선정
3. 시험시공 및 유지관리 실시	• 시험시공계획서 작성 및 분석 • 시공 재료(뿜어붙이기용 재료, 종자) 분석 • 시공 장비 및 시공방법 협의 • 계획서 및 시방서에 준한 시공 실시 • 유지관리 실시
4. 시험시공 결과 분석	• 자연식생복원전문가에 의한 주기적인 평가 • 생육판정 기준표에 의한 분석 실시
5. 최적공법 선정	• 녹화공법 평가표에 의한 현장여건에 부합하는 최적 공법 선정

* 자료 : 국토해양부(2009)

6.3 시험시공 평가

녹화시공 평가

시공 평가는 녹화공법 적용 직후의 녹화시공 평가와 시공 후 식물에 의해서 녹화되어 가는 과정을 평가하는 녹화품질 평가로 구분할 수 있다. 녹화시공 평가는 시험시공 계획에 의거하여 품질기준을 통과한 정량의 재료가 투입되었는지, 시공면적 및 두께 등이 계획대로 시공되었는지, 시공된 식생기반이 기준에 부합하는지 여부를 평가한다.

표.6.2 시험시공 평가 항목

항 목	평가 항목
시공 재료	• 시방서에 제시된 종자 및 재료의 정량 투입 여부 • 시공재료는 시공 전에 품질기준 통과여부 확인 • 감독자가 입회한 자리에서 종자 및 재료 혼합
시공 두께	• 별도의 측정용 기구를 이용하여 500m² 당 1개소 이상의 측정구를 설치하며, 각 측정구당 5회 이상 측정한 값을 산술평균 함 • 측정이 곤란한 경우 시공투입량으로 평가 가능 • 시공 후 재료의 건조에 따른 수축현상이 나타날 수 있으므로 측정시기는 감독자와 상의하여 결정
시공 면적	• 시공이 완료된 후 현지측량을 실시하여 설계도서와 비교 검토 • 면적 산출이 곤란할 경우 시공 투입량으로 평가 가능
식생기반 특성	• 토양경도, 토양산도, 토양습도 등의 이화학성 측정

표.6.3 시험시공 수행과 관련한 점검 항목

항 목	점검 항목
시험시공 계획	• 녹화지역구분과 비탈면의 지질, 암질, 토질상태, 자연환경에 따라 시험시공을 계획하며, 적용 공법 및 뿜어붙이기 두께는 현장여건에 따라서 감독자와 전문가가 녹화공법에 따라 결정 • 시험시공은 현장별로 1회 이상 시행하는 것을 원칙으로 하되, 인근 현장과의 거리가 10km 내외이고 현장여건이 유사하여 인근 현장의 시험시공 결과를 활용할 수 있는 경우에 발주자는 시험시공 횟수를 생략하거나 조정하여 시행하게 할 수 있음 • 시공자는 현장에서 시험시공에 적합하다고 판단되는 대표적인 위치를 시험시공의 대상지로 선정하고, 깎기 및 쌓기 구간의 토질 및 암질별로 3개 공법을 선정함
시공 방법	• 동일조건의 비탈면을 대상으로 공법 당 100~200m² 범위 내에서 시공 • 시기는 가급적 3~4월이 바람직함(봄철 시공일 경우 가을철에 평가결과 도출 가능)
식생기반재	• 시험시공 전에 종자 발아실험, 식생기반재의 유해성 여부, 기타 성분분석을 시행 • 시공자는 시험시공 15일전까지 감독자에게 종자발아실험 성적서와 공인된 시험기관 등에 분석 의뢰한 식생기반재의 토양분석 결과를 제출(감독자는 필요시 추가 시험성적서를 요구할 수 있음) • 샘플 토양을 분석한 결과 식생기반재 기준에 1개 항목 이상 적합지 않을 때는 시험시공 대상에서 제외시킴
조사구 설치	• 식생조사는 임의로 정한 3개소 이상의 방형구(1m×1m)에서 실시하고, 조사 위치에 대한 근거를 조사시기별로 모니터링 보고서에 자세하게 사진으로 제시함 • 고정조사구는 훼손의 우려가 있으므로 가급적 피하도록 함
유지관리	• 시험시공 후에는 자연 상태에서 관리하여 평가하도록 함 • 필요시 발아에서 식물생육이 활착할 때 까지는 시험시공 참여업체와 협의하여 기간을 정한 후 감독자 입회하에 동일한 조건하에서 시비, 관수 등 유지관리를 할 수 있음
재시공	• 시험시공 후 예상치 못한 기상 악화 등으로 인해 시험시공지가 훼손되어 시험시공결과에 대한 평가를 할 수 없게 된 경우에는 발주자 및 시험시공 참여업체와 협의하여 재시공을 할 수 있음

녹화품질 평가

시험시공이 실시된 이후 식물의 생육과정을 주기적으로 모니터링하며, 평가표에 근거하여 시험시공 공법을 평가하도록 한다.

표.6.4 녹화품질 평가와 관련한 점검 항목

항 목	점검 항목
모니터링	• 자연식생복원전문가가 시행함(모니터링 계획서 제출) • 시공사는 자연식생복원전문가가 없는 경우에는 외부 전문가(기관)에 의뢰하여 시행할 수 있음(감독자가 필요할 경우 식생복원전문 감리원을 투입하여 감리할 수 있음) • 시험시공을 실시한 후 자연식생복원전문가와 감독자는 합동으로 시험시공 결과를 평가함(평가표에 따라 항목별로 주기적 조사, 계절별 조사를 평가 일정에 맞추어 평가를 실시함) • 평가기간은 공사의 긴급성 등을 감안해서 평가목적을 달성 할 수 있는 범위 내에서 단축할 수 있음(공사 준공 일정에 따라 긴급이 요구되는 상황에서는 발주자와 상의하여 평가시기 및 횟수를 조정할 수 있음)
식생기반 분석	• 시험시공 후 필요시 식생기반재 샘플을 채취하여 식생기반재의 토양산도, 전기전도도, 염기치환용량, 전질소량, 염분농도, 유기물함량 등 토양 이화학성 및 중금속 함량분석 등을 공인된 시험기관에 의뢰하여 분석함
식생피복도	• 식생피복도는 식물이 지표면을 덮고 있는 면적을 비율로 환산함(측정도구를 이용하여 현장에서 평가하거나 사진 촬영 후 실내에서 피복도로 환산함) • 식생피복도 조사시 한지형초종 등 외래초종(양잔디류)의 점유율이 높으면 감점하며, 생태계 교란종 및 위해종에 의한 피해가 심하면 상대 비교하여 감점함
종자	• 식물종자의 검정에 대하여는 공인된 시험기관 등에서 수행한 파종할 종자의 순량율, 발아율 등의 시험 결과를 시험시공 결과보고서에 수록함
생육 조사	• 식생조사구(방형구)내에서 목본 및 초본의 출현종, 각 식물별 생육 개체수, 식생생육량, 우점종, 식생피복도, 병충해유무(하고 현상 포함) 등을 조사 분석함 • 식생 생육조사구는 평균적인 생육을 보이는 곳에 임의로 선정하고 흔적을 남기지 않으며, 조사 시 설치한 방형구는 사진촬영하고, 전경사진에 위치를 표시하여 보고서에 수록함
최종 생육판정 시기	• 시공시기에 따라 식물의 생육특성이 다르기 때문에, 시기별로 시공에 큰 차이가 발생함 • 춘기 시공일 경우 시공 6개월(180일) 후에 최종 판정하며, 시공시기가 다를 경우에는 별도의 기준을 따름
시공 효율성	• 시공 후 유지관리의 요구정도와 시공 시의 작업성 등을 종합 평가함

표.6.5 최종 생육판정시기(기준 : 중부지방)

시공시기	기 간	평 가 시 기	비 고
춘 기	3월~5월	• 여름 전과 여름 후에 1차 및 2차 평가 • 11월 전에 최종평가	
하 기	6월~8월	• 여름 후 9월경 1차 평가 • 이듬해 4월~5월 2차 평가 • 이듬해 8월~9월 최종평가	
추 기	9월~10월	• 11월 중 1차 평가 • 이듬해 여름 직전 2차 평가 • 이듬해 9월~10월 최종평가	
동 기	11월~2월	• 익년 7월~8월	시공 부적기

* 자료 : 국토해양부(2009)

표.6.6 녹화공법 품질 및 경제성 평가기준과 방법

구분	평가	항목		평가기준	평가기준 및 방법	평가빈도
재료	정량적	재료품질		절대평가	• 식생기반재 샘플을 1~2kg씩 채취하여 토양의 이화학성을 분석 후 기준항목 합격여부를 판단함(토양산도, 전기전도도, 염기치환용량, 전질소량, 염분농도, 유기물함량 등) • 토양산도는 시료 채취 후 pH meter를 이용하여 측정하거나 간이 토양산도계를 이용하여 측정함. 토양습도는 시료를 채취하여 건조시키는 방법을 이용하여 구하거나 간이 토양습도계를 이용하여 측정함. 토양경도는 산중식 토양경도계의 측정치를 기준으로 하며, 총 10곳의 위치에서 측정하여 산술평균함	1회
품질	정량적	식물생육	식생피복율(전체)	절대평가	• 시공 후 공법별 식생피복율을 1×1m 방형구를 설치하여 3회 반복 조사 후 평균함	주기조사
			식생피복율(한지형초종)	절대평가	• 격자틀(20×20cm) 또는 1×1m 방형구를 설치하여 한지형잔디(외래종)만의 피복율을 3회 반복 조사하여 평균함. 피복율에서 외래도입초종만의 점유율을 평가함	계절별 1회
			식생생육량(한지형초종제외)	상대평가	• 한지형 초종을 제외한 식생을 채취하여 생물중량(생체중)을 전자저울 등을 이용하여 실측함	계절별 1회
			병충해	상대평가	• 생육판정시기까지 계절별로 병충해, 여름철 하고 현상 등을 조사함	계절별 1회
		출현종수	목본성립본수	절대평가	• 1m×1m 방형구를 설치하고 목본의 성립본수를 10회 조사하여 본수/㎡로 평균하여 합격 목표치에 따른 달성도를 측정 • 목본의 수고가 1~6m인 경우에는 방형구를 2m×2m로 확대함	계절별 1회
			초본 및 목본의 출현종수	절대평가	• 1m×1m 방형구를 설치하여 초본 및 목본의 출현종수를 조사하여 종수/㎡로 환산 평균하여 합격 목표치에 따른 달성도를 측정함. 이때 초본 및 목본 출현종수 비율을 각각 평가한 후 이를 평균으로 환산함 • 목본의 수고가 1~6m인 경우에는 방형구를 2m×2m로 확대함	계절별 1회
			위해종 침입 및 시험지의 교란정도	상대평가	• 위해종인 돼지풀, 단풍잎돼지풀 등과 교란종인 환삼덩굴, 칡 등에 의한 교란정도를 측정함	수시평가
		식생기반재 물리적 특성		절대평가	• 식생기반재의 토양경도는 양호(11~23mm), 보통(23~27mm), 불량(11mm 미만, 27mm 초과)분류하고 토양습도는 양호(0.5~5%), 보통(5%~8%), 불량(0.5% 미만, 8%초과)로 분류함(간이측정기기를 이용 현장 측정 가능)	1회 이상 조사
		탈락 및 붕괴지점		상대평가	• 시험시공면적당 탈락 및 붕괴 지점 수를 조사함 • 시공면에서 탈락이 고르게 발생한 경우에는 설치된 조사구에서 탈락 및 붕괴상태를 조사하며, 조사구내에서 탈락이 발생하지 않은 경우에는 전체 시공지에서 측정한 수치를 10㎡로 환산함	계절별 1회
	정성적	녹화 지속성 및 식생침입 가능성		상대평가	• 훼손지 비탈면이 식생복원이 되어가는 과정을 평가할 수 있는 지표로서 공법별로 기 시공된 현장(시험시공지에서 가까우며 유사한 비탈면 조건을 가진 3~5년 이상 경과된 현장)을 감독자와 자연식생복원전문가가 함께 방문하여 평가함	1회 이상
		주변 환경과의 유사도		상대평가	• 주변 환경과의 생태적 경관 조화성을 평가함	수시평가
경제성	정량적	시공단가		상대평가	• 시험시공 참여업체의 최저가를 기준으로 상대 평가함	최종평가시

* 자료 : 국토해양부(2009)

표.6.7 녹화공법 평가표

<table>
<tr><th>구분</th><th>평가</th><th colspan="3">항 목</th><th>배점(%)</th><th colspan="15">배 점 기 준</th></tr>
<tr><td>재료</td><td>정량적</td><td colspan="3">토양 및 종자 품질</td><td>–</td><td colspan="15">합격기준 미달시 불합격 처리</td></tr>
<tr><td rowspan="15">품질</td><td rowspan="12">정량적</td><td rowspan="6">식물생육</td><td rowspan="2">식생 피복율 (전체)</td><td>초본위주형
초본·관목혼합형</td><td rowspan="2">15</td><td colspan="5">80% 이상
(15)</td><td colspan="5">60~79%
(10)</td><td colspan="5">60% 미만
(5)</td></tr>
<tr><td>목본군락형
자연경관복원형</td><td colspan="5">70% 이상
(15)</td><td colspan="5">50~69%
(10)</td><td colspan="5">50% 미만
(5)</td></tr>
<tr><td colspan="2" rowspan="2">식생피복율
(한지형초본 등 외래도입초종)</td><td rowspan="2">(0~-5)</td><td colspan="15">피복율에서 외래도입초본의 점유율</td></tr>
<tr><td colspan="5">30% 미만
(0)</td><td colspan="5">30~59%
(-3)</td><td colspan="5">60% 이상
(-5)</td></tr>
<tr><td colspan="2">식생생육량(한지형초종 제외)</td><td>5</td><td colspan="5">양호(5)</td><td colspan="5">보통(3)</td><td colspan="5">불량(1)</td></tr>
<tr><td colspan="2">병충해</td><td>5</td><td colspan="5">양호(5)</td><td colspan="5">보통(3)</td><td colspan="5">불량(1)</td></tr>
<tr><td rowspan="4">출현종수</td><td colspan="2" rowspan="2">목본성립본수</td><td rowspan="2">10</td><td colspan="15">식생생육판정기준표 복원목표의 달성도</td></tr>
<tr><td colspan="5">80% 이상
(10)</td><td colspan="5">60~79%
(7)</td><td colspan="5">60% 미만
(3)</td></tr>
<tr><td colspan="2">초본 및 목본의 출현종수</td><td>15</td><td colspan="5">80% 이상
(15)</td><td colspan="5">60~79%
(10)</td><td colspan="5">60% 미만
(5)</td></tr>
<tr><td colspan="2">생태계교란 및 위해종 침입</td><td>(0~-5)</td><td colspan="5">하(0)</td><td colspan="5">중(-3)</td><td colspan="5">상(-5)</td></tr>
<tr><td colspan="3">식생기반재 물리적 특성</td><td>10</td><td colspan="5">양호(10)</td><td colspan="5">보통(7)</td><td colspan="5">불량(3)</td></tr>
<tr><td colspan="3">탈락 및 붕괴지점</td><td>5</td><td colspan="5">양호(5)</td><td colspan="5">보통(3)</td><td colspan="5">불량(1)</td></tr>
<tr><td rowspan="2">정성적</td><td colspan="3">녹화 지속성 및 식생침입 가능성</td><td>5</td><td colspan="5">양호(5)</td><td colspan="5">보통(3)</td><td colspan="5">불량(1)</td></tr>
<tr><td colspan="3">주변 환경과의 유사도</td><td>(0~-5)</td><td colspan="5">양호(0)</td><td colspan="5">보통(-3)</td><td colspan="5">불량(-5)</td></tr>
<tr><td colspan="4">소 계</td><td colspan="16">70%</td></tr>
<tr><td rowspan="2">경제성</td><td>정량적</td><td colspan="3">시공단가</td><td>30</td><td colspan="3">130%
미만
(30)</td><td colspan="3">130~
160%
(24)</td><td colspan="3">161~
190%
(18)</td><td colspan="3">191~
220%
(12)</td><td colspan="3">220%
초과
(6)</td></tr>
<tr><td colspan="4">소 계</td><td colspan="16">30%</td></tr>
<tr><td colspan="5">합 계</td><td colspan="16">100%</td></tr>
</table>

* 자료 : 국토해양부(2009)

시험시공 결과보고서를 토대로 품질 및 경제성을 합쳐서 녹화평가점수가 75점 이상인 녹화공법을 선정하며, 필요한 경우에는 녹화공법 평가위원회를 구성하여 녹화공법 평가를 실시할 수 있다. 평가위원회는 자연식생복원전문가, 종자 및 식물전문가, 비상주감리원, 관계공무원 등으로 구성한다.

표.6.8 시험시공 결과보고서 수록 내용

항 목	내 용	비 고
1. 개 요	• 시험시공의 목적 • 시험시공 위치도 및 주변 현황 분석 • 시험시공 비탈면의 환경특성	• 녹화지역구분 • 복원목표설정
2. 시험시공 재료 및 방법	• 시공재료 • 시공방식 • 사용종자 • 측정방식 • 시공장비	
3. 시험시공지 조사	• 발아상태 • 재료 특성 분석 • 식물생육상태 • 기반재의 지속성 • 기반재의 안정성	• 식물생육(3가지 평가지표) • 출현종수(3가지 평가지표) • 식생기반재 물리화학적 특성 • 탈락 및 붕괴지점 주변환경과의 유사도
4. 시험시공 결과 분석 및 평가	• 생육특성(품질) • 경제성 • 향후 예측	• 녹화공법평가표 첨부
5. 기 타	• 산업재산권(특허, 신기술·특허공법) • 시공실적 • 시험성과물	• 공법 특성 분석

* 자료 : 국토해양부(2009)

Chapter 7 정책제언

7. 정책제언

비탈면의 식생복원녹화 기술은 항상 시대적인 요구사항을 반영하고 있으며, 이에 따라 기술의 다양성도 같이 발전하고 있다. 따라서 다가올 미래에 중요한 이슈가 될 수 있는 요구사항에 대한 예측이 필요하다.

식생복원녹화는 훼손지를 사후에 복구하는 것이 아니라, 훼손된 곳을 새롭게 식생이 자랄 수 있는 생물서식공간으로 조성해주는 첫 단계라고 보는 것이 중요하다. 따라서 공사의 마지막 단계에서 투입을 고려하는 것이 아니라, 개발의 전 과정에 걸쳐서 생태적인 복원을 고려한 설계 및 시공이 이루어져야 한다.

또한 개발 및 녹화의 전체 단계로 볼 때 현지자원의 재활용, 지형 교란의 최소화, 지역 자생식물을 이용한 녹화, 그리고 생태적 복원이 되어가는 과정에 대한 모니터링 및 유지관리가 수반되어야 바람직한 비탈면 녹화가 이루어질 수 있는 것이다.

비탈면에 조성된 식생군락은 경관 증진의 차원에서만 볼 것이 아니라, 동식물의 서식공간 및 생태네트워크 차원에서 검토하여야 하며, 비탈면은 주변의 산림지역과 선형의 도로를 연결해주는 전이지대로서의 역할도 생각하여야 할 것이다. 그리고 향후 비탈면 녹화는 지형복원, 미기후 개선, 에너지 절감, 수원함양의 측면에서 다각적으로 고려함과 동시에 녹화 사업의 환경적 가치를 재해석할 필요도 있을 것이다.

식생복원녹화는 복원하려는 지역에 적합한 자생식물을 활용하여 식생대를 조성하는 것을 최우선 가치로 하고 있다. 식생복원녹화는 일반 복구 공사에 비해 비용이 많이 들고 공정에 장시간이 소요되기 때문에 우선 식생복원녹화 대상지를 선정하는 것이 필요하다.

우선 식생복원녹화 대상지의 조건으로는 대상지의 환경생태적 중요성, 자생수종 종자와 묘목 등 식생복원녹화 재료 확보의 용이성, 복원 주체의 적극적 의지, 지속가능한 관리 비용의 투입 가능성 등을 꼽을 수 있다.

表.7.1 우선 식생복원녹화 대상지 선정

우선 대상지 선정 기준	적합한 대상지 및 주체 분석
환경생태적 중요성	• (보호구역 훼손지) 환경생태적 보호가치가 높은 지역으로 복원 우선 대상지 • (도로변 등 개발지역) 주변 경관과 조화를 우선 검토하여 대상지 선정 • (채석장, 광산 등) 장기간 훼손지역으로 재해 예방 등을 우선 감안
식생복원녹화 재료 확보의 용이성	• (자생식물원, 수목원 인근) 현지외 보전기관으로 장기적으로 재료 확보 가능 • (묘포장 인근) 일반 조림수종 이외에 자생식물 양묘 병행시 재료 확보 용이 • (산림 지역) 인근 묘포장 등을 활용하여 재료 확보 가능 • (도시 지역) 자생식물 재료 확보가 곤란
복원 주체의 의지	• (정부기관) 관련 법령으로 식생복원녹화 근거를 우선 마련할 필요 • (지자체) 자치조례, 도시계획심의 기준 등에 식생복원녹화 권장 근거 마련 필요 • (민간) 일반 복구공사 대비 높은 비용으로 인해 자발적 식생복원녹화 곤란 • (시민단체) 기업 CSR 등과 연계하여 시민참여를 위한 다양한 방안 모색 가능
지속가능한 관리 비용의 투입	• (정부기관, 지자체) 근거 법령, 조례, 기준에 따라 지속적 관리 가능 • (민간) 법정 유지보수기간 이외 장기 모니터링 곤란 • (시민단체) 시민단체 조직을 활용하여 지속적 모니터링 가능

우선 식생복원녹화 대상지로는 환경생태적 중요성이 높은 보호구역 훼손지를 꼽을 수 있다. 그 중에서도 식생복원녹화용 자생식물 재료를 비교적 용이하게 공급받을 수 있는 묘포장이나 자생식물원 인근 지역이 적합하다.

도로 등 개발로 인해 발생하는 비탈 훼손지의 복구에 있어서는 자생식물을 이용한 식생복원녹화 과정이 전체 공정에 미치는 영향을 감안하여야 한다. 일반 녹화공사는 공사로 인해 발생한 비탈면의 안정화가 우선이기 때문에 식생피복을 중점으로 하여 녹화를 우선 실시한 다음 안정성에 크게 영향을 주지 않는 범위 내에서 부분적으로 자생식물로 식생복원녹화를 실시하는 방안을 검토할 수 있다.

지역의 자생식물을 활용한 식생복원녹화는 지역 생태 친화적인 복원이기 때문에 환경적으로 높은 의미를 부여할 수 있다. 전경련에서 2015년도에 발간한 '2015년 주요 기업·기업재단 사회공헌백서' 에 따르면 환경보전 분야에 투입한 기업들의 사회공헌 지출액은 2004년 86억원에서 2014년 1,095억원 규모로 급성장 했다. 기여 형태도 단순 식목행사 이외에 기후변화에 대응한 산림탄소상쇄사업 등 기업의 이미지 제고를 위해 의미 있는 기여 행위를 선호하고 있다. 이러한 기업들의 자발적 참여를 유도해서 식생복원녹화를 추진하는 것도 고려해 볼 만하다.

자생식물을 이용한 식생복원녹화는 조성 단계뿐만 아니라 공사 완료 후에도 모니터링 및 유지관리가 필요하다. 따라서 복원공사 대상지의 관리 등에 예산과 인력이 투입되어야 하기 때문에 이를 수행할 수 있는 관련부서나 전문가 집단이 참여할 수 있는 사업을 우선적으로 추진하는 것이 바람직할 것이다.

최근에는 자생식물을 이용하여 식생복원녹화를 하는 방향에 대해 많은 공감대가 형성되고 있다. 그러나 아직 우리나라에는 자생식물을 활용한 식생복원녹화에 대한 개념이 미흡하기 때문에 당장 식생복원녹화를 추진하기에는 어려움이 많다. 우선은 일반 복구 공사와 차별성을 가질 수 있도록 자생식물을 활용한 식생복원녹화에 대한 법적 근거를 마련해야 한다.

현행 법률에는 희귀식물과 특산식물에 관한 정의만 '수목원·정원의 조성 및 진흥에 관한 법률' 에 내려져 있다. 현재 희귀식물 571종, 특산식물 360종이 지정되어 관리되고 있다. 희귀식물과 특산식물은 자생식물 중에서 보호가 필요한 식물들로 녹화공사 등의 목적으로 현장에 활용하는데 제약이 따르게 된다.

표.7.2 희귀식물과 특산식물의 법적 정의

명칭	법적 정의(수목원·정원의 조성 및 진흥에 관한 법률)
희귀식물	• (제2조제4호)"희귀식물"이란 자생식물 중 개체수와 자생지가 감소되고 있어 특별한 보호·관리가 필요한 식물로서 농림축산식품부령으로 정하는 식물을 말한다.
특산식물	• (제2조제5호)"특산식물"이란 자생식물 중 우리나라에만 분포하고 있는 식물로서 농림축산식품부령으로 정하는 식물을 말한다.

그러나 자생식물 중 '희귀식물' 이나 '특산식물' 이 아닌 식물종들은 훼손지의 식생복원녹화에 충분히 활용이 가능하다. 이러한 자생식물 또는 향토수종은 보호해야할 대상이기 보다는 복원 대상지에 자생적으로 서식하는 우리나라 고유의 식물로서 환경조건에 적응력이 뛰어나기 때문에 식생복원녹화에 활용가능성이 높다고 할 수 있다.

표.7.3 자생식물(향토수종)의 개념

명칭	개념
자생식물 (향토수종)	"자생식물(향토수종)"이란 현지에 적응하여 생육하고 있는 우리나라 고유의 식물을 말한다.

자생식물 용어의 정의와 더불어 산림 또는 산림생태계를 복원함에 있어서 자생식물을 우선 사용할 수 있도록 하고, 정부에서 자생식물 복원 기술을 개발하고 지원할 수 있는 근거도 필요하다. 자생식물을 활용한 식생복원녹화는 강제하기보다는 대상지의 특성과 공사의 종류에 따라 탄력적으로 적용할 수 있도록 하는 것이 바람직하다.

또한 자생식물의 종류와 더불어 복원대상지로부터 어느 정도의 범위 내에 있는 식물들을 식생복원녹화에 사용할 수 있도록 인정할 것인지에 대한 자생식물 생육범위의 한계에 대한 연구도 필요할 것이다.

부록

참고문헌

참고문헌

국립공원관리공단. 2013. 북한산 샛길 및 훼손지 식생복원.

국립공원관리공단. 2014. 국립공원 핵심생태축 복원 매뉴얼.

국립산림과학원. 2015. 폐광지 및 폐채석장 복원 사례집. 국립산림과학원 연구자료 제614호.

국토해양부. 2009. 도로비탈면 녹화공사의 설계 및 시공 지침.

김경훈, 허영진, 박종철. 2015. 자생식물을 이용한 훼손지 녹화 가이드라인 -각종 건설사업에서 자생식물을 이용한 생태적인 녹화-. 한국환경복원기술학회 학술대회발표집:129-130.

김경훈, 허영진, 주백, 강인규. 2008. 홍콩의 자연지형 복원 및 비탈면 녹화기술. 산림공학기술 6(2):140-151.

김경훈, 주백, 김학성. 2011. 백두대간에 인접한 석회석 광산의 식생복구 연구(1) -종자파종에 의한 옥계 광산복구 시험시공-. 한국환경복원기술학회지 14(4):55-66.

김남춘. 1998. 경관훼손지의 생태적 복구방안에 관한 연구. 한국환경복원기술학회지 1(1):28-44.

김남춘, 남언정, 신경준. 2008. 백두대간 절토 비탈면의 생태복원녹화 모델에 관한 연구. 한국환경복원녹화기술학회지 11(1):72-84.

산림청. 2006. 자생식물의 식재관리 표준화 매뉴얼.

산림청. 2009. 산림복원 업무처리 지침.

우보명. 2003. 훼손지 환경녹화공학. 서울대학교 출판부.

일송환경복원. 2015. DMZ일원 훼손지역의 자생종활용 생태복원기술. 환경기술개발사업 2차년도 연구보고서.

전국경제인연합회. 2015. 2015년 주요 기업·기업재단 사회공헌백서.

전기성. 2005. 고속도로 건설공사에서 비탈면 녹화공사의 시방기준. 도로 녹화설계 및 시공에 관한 한·일워크샵:1-11.

조동길. 2011. 생태복원 계획 · 설계론. 넥서스환경디자인연구원 출판부.

충남대학교. 2015. DMZ일원 훼손지 유형분석 및 평가지표 개발. 환경기술개발사업 2차년도 연구보고서.

한국도로공사. 2007. 고속도로 절성토사면의 환경녹화기준 설정 연구.

한국산지보전협회. 2013. 산림생태복원 매뉴얼.

한국수자원공사. 2013. 비탈면녹화 설계 및 시공 가이드북.

한국환경정책평가연구원. 2007. 자연환경복원포럼.

환경부. 2014. 생태계보전협력금 업무편람 및 반환사업 가이드라인.

허영진, 안태영. 2006. 훼손 비탈면의 생태복원녹화를 위한 종자배합량의 계절별 가중치에 관한 연구. 한국환경복원녹화기술학회지 9(1):41-54.

Armstrong A., T.C. Roberts and R. Christians. 2011. Current and innovative solutions to roadside revegetation using native plants; A domestic scan report. FHWA-WFL/TD-11-001. Federal Highway Administration. U.S. Department of Transportation.

Bower, A.D., St. Clair J.B., and V. Erickson. 2014. Generalized provisional seed zones for native plants. Ecological Applications 24(5):913-919.

David E.S., S.A. Riley, K.M. Wilkinson, T.D, Landis and L.E. Riley. 2007. A manager's guide to roadside revegetation using native plants. FHWA-WFL/TD-07-006. Federal Highway Administration. U.S. Department of Transportation.

Geotechnical Engineering Office. 2007. Layman's Guide to Landscape Treatment of Slopes and Retaining Walls.

Landis T.D., K.M. Wilkinson, D.E. Steinfield, S.A Riley and G.N. Fekaris. 2005. Roadside revegetation of forest highways; new applications for native plants. Native plants Fall: 297-305.

Minnesota Board of Water and Soil Resources. 2015. Native vegetation establishment ad enhancement guidelines. Report to Minnesota Board of

Water and Soil Resources.

Native Plant Society of Saskatchwan. 2008. Saskatchwan guidelines for use of native plants in roadside revegetation reference manual. Report to Saskatchewan Ministry of Highways and Infrastructure.

http://hkss.cedd.gov.hk/hkss, 홍콩 토목공정서(CEDD) 홈페이지.

USDA Natural Resources Conservation Service. 2006. Plant germplasm development: Traditional and alternative approach. Technical Notes.

吉田　寛. 2005. 播種工による法面線化とモニタリシグ手法. 日本線化工學會誌 30(3):532-540.

兵庫利勇, 佐藤厚子, 山田充. 2013. 生物多様性に配慮した法面線化の試み. 日本線化工學會誌 39(1):182-185.

福田尚人. 2013. 法面線化用種苗の現地採取. 日本線化工學會誌 38(4):418-421.

日本線化工学会　斜面線化研究部会. 2004. のり面線化における自然回復化の基本的な考え方のとりまとめ. 日本線化工学会誌 29(4):509-520.

入山義久. 2014. 地域性種苗の活用におけゐ最先端の取り組み. 日本線化工學會誌 39(4):464-467.

中村彰宏, 衣笠斗基子, 陳門泰輔, 谷口伸二, 佐藤治雄, 森本幸裕. 2002. 埋土種子, 種數, 多用度指數一面積曲線による森林表土撒き出し線化の評價. 日本線化工學會誌 28(1):79-84.

中村勝衛. 2004. 表土の保全. 地盤工学会自然環境の保全と線化編集委員会編. 地盤工学実務シリーズ21. 自然環境の保全と線化. pp. 19-24.

저자 소개

김경훈

서울대학교에서 훼손지 및 비탈면 녹화 분야의 연구로 농학박사학위(산림자원학)를 받았으며, 1999년부터 현장 실무를 시작하여 현재 일송환경복원(주)에서 환경복원 관련 업무를 담당하고 있다. 한국임학회, 한국환경복원기술학회, 한국환경생태학회, 한국산림공학회의 회원으로 활동 중이며, 산림교육원, 서울시 인재개발원 등에서 환경복원과 관련한 다수의 교육을 진행하고 있다. 환경기술 관련 R&D의 책임자로 10여 년간 연구 및 사업화에 전념하면서 “산림공학”, “경관생태학”을 공동 집필하였으며, 관련 연구논문 30여편 투고, 특허 10여 편을 출원하였다. 또한 환경부의 생태계보전협력금을 활용한 소생태계조성사업, 자연마당 조성사업, 훼손지 복원사업의 책임자로 20여건의 프로젝트에 참여하였다.

성현찬

서울대학교에서 환경생태계획분야의 연구로 공학박사학위를 받았으며, 1995년부터 2008년까지 13년간 경기개발연구원 환경연구부장으로 근무하면서 연구와 현장경험을 쌓고, 2008년부터 단국대학교에서 교수로 근무하고 있다. 한국환경복원기술학회, 한국환경영향평가학회, 한국조경학회 등에서 부회장, 편집위원장, 이사 등을 역임하였으며, 지속가능발전위원회 위원, 유네스코MAB한국위원회 위원, 국토해양부의 토지이용규제심의위원회과 국토정책위원회 위원 등을 역임하고, 환경부의 중앙환경정책위원회, 환경영향평가 자문단, 친환경건축물인증운영위원회 위원 등으로 활동하고 있다. 현재에는 국립공원관리공단 비상임이사로도 활동 중이다. 환경생태 및 환경평가, 공원녹지 관련 연구 분야의 논문 50여편, 저서 4편을 저술하고, 120여건의 관련 R&D와 연구용역에 참여하였다.

최재용

서울대학교 조경학과 졸업 후, 영국 런던대학교(UCL)에서 계획학박사학위(환경계획학)를 취득하였다. 한국환경정책·평가연구원(KEI)에서 책임연구원으로 국토환경계획 및 환경영향평가분야를 연구하였다. 2005년부터 충남대학교 산림환경자원학과 교수로 재직하며 생물다양성, 환경영향평가, 환경계획, 환경복원과 관련된 주제에 대해 다수의 연구를 수행하고 있다. 특히 국제환경문제 해결을 위한 정부대표단으로서 협상한 결과물인 두만강유역 환경보전을 위한 동북아 5개국 환경협력전략계획 수립(2002), 남극특별환경보호구역 지정(2009), 남극장보고과학기지 환경영향평가서 국제협의(2012), 생물다양성협약(CBD) 산림생태계복원 이니셔티브 채택(2014)에 주도적 역할을 담당하였다. 근정포장(2009), 대통령표창(2003), 환경부장관표창(2001)을 수여받았다.

허영진

서울대학교 산림자원학과를 졸업하였으며, 단국대학교 녹지조경학과에서 훼손 비탈면의 생태복원 기술을 연구하여 농학박사학위(환경조경학)를 취득하였다. 1991년 한솔제지(주)에서 추진한 오크밸리 리조트 개발계획에 참여하였으며, 1999년부터 현재까지 일송환경복원(주) 대표이사로 재직하면서 비탈면 녹화 및 생태복원 업무를 수행하고 있다. 일송환경복원(주)는 비탈면 녹화, 생태계보전협력금 반환사업, 자연마당 조성사업, 생태놀이터 조성사업 등 국토교통부와 환경부의 주요 사업을 수행함으로서 자연 생태복원의 중추적인 역할을 담당하고 있다. 또한, 훼손 비탈면의 생태적 복원을 위한 환경기술 R&D 사업을 지속적으로 수행하고 있으며, 연구과제의 성과물로서 건설 및 환경신기술 인증을 받은 바 있다. (사)한국환경복원기술학회, (사)환경계획조성협회 상임이사로 학회 활동에 참여하고 있으며, 자연환경관리기술사로서 환경계획 및 생태복원기술 설계 및 자문활동을 수행하고 있다.